China's Short Video Content Production in the Age of Algorithms

算法时代的中国短视频内容生产

于 烜 著

中国广播影视出版社

图书在版编目（CIP）数据

算法时代的中国短视频内容生产 / 于烜著 .-- 北京：中国广播影视出版社，2025.1. -- ISBN 978-7-5043-9319-7

Ⅰ. TN948.4

中国国家版本馆 CIP 数据核字第 2025UV5506 号

算法时代的中国短视频内容生产

于 烜 著

责任编辑 杨 凡
封面设计 文人雅士
责任校对 张 哲

出版发行 中国广播影视出版社
电 话 010-86093580 010-86093583
社 址 北京市西城区真武庙二条 9 号
邮 编 100045
网 址 www.crtp.com.cn
电子信箱 crtp8@sina.com

经 销 全国各地新华书店
印 刷 廊坊市海涛印刷有限公司

开 本 710 毫米 ×1000 毫米 1/16
字 数 154（千）字
印 张 10.5
版 次 2025 年 1 月第 1 版 2025 年 1 月第 1 次印刷

书 号 ISBN 978-7-5043-9319-7
定 价 68.00 元

目录

导　言

研究缘起、问题和目的

在中国移动互联网历史大潮中，2013 年是一个具有历史里程碑色彩的年份。这一年，以新浪微博内置“秒拍”、腾讯上线“微视”App、“GIF 快手”向短视频转型为标志，中国移动短视频的大幕正式开启。在经过了短暂的沉寂后，2016 年短视频开始强势崛起，于 2018 年超过网络视频晋级中国第四大互联网应用，第 42 次 CNNIC 的《中国互联网络发展状况统计报告》显示，74.1%的中国网民使用短视频应用，短视频成为中国移动互联网中一颗闪耀的明星。此后，短视频一路乘风破浪、高歌猛进，根据 2020 年 3 月 CNNIC 统计数据，中国短视频用户规模达到 7.73 亿，超过搜索引擎、网络新闻，跃居中国第二大互联网应用，12 月用户规模攀升到 8.7 亿，使用率增长为 88.3%。2022 年 12 月用户规模一举突破 10 亿大关。于无声处响惊雷，于无色处见繁华，短视频在很短的时间周期里，从边缘应用倍速跃升为全民应用，实现了“一人之下、万人之上”的跨越。

起初，中国短视频起源于业余 UGC 上传，主要用于草根的个体表达和私人社交分享。然而，几年后，在短视频流量的版图中，UGC 内容完全退缩至边缘，以 2018 年的抖音为例，在第三方监测机构海马云大数据联合秒针发布的《抖音研究报告》中，播放量超过 50 万的头部视频占比仅为 2.7%，却占据了 88.3%的播放量、90.8%的点赞量、81.1%的评论量及 91%的转发量。[1] PGC、PUGC 视频

---

① ZNDS 资讯：《抖音研究报告发布：抖音现在到底有多火?》，2018 年 10 月 20 日，智能电视网：https：//n.znds.com/article/34260.html。

逐渐占据各大平台的榜单，有影响的网红及达人短视频陆续被各类 MCN 机构收在麾下，快手科技副总裁余敬中说："放眼整个行业，各个平台的头部账号，背后都和 MCN 有关，要么是 MCN 自己打造的，要么这些头部账号都被 MCN 签下了，背后有 MCN 的身影。"① 短视频已然由个人的兴趣和表达，转向了面向公众的流量诉求。总体而言，一方面，短视频内容从无序走向有序，比如，类型上从同质单一逐渐多元细分，题材从单一单调逐渐丰富广泛，视听呈现由低质粗劣趋向精良专业。另一方面，在制造消费快感以博取流量的商业逻辑下，短视频中缺乏意义、价值、审美的感官刺激大行其道，理性、逻辑、客观的表达严重失语，公共内容明显缺位，更有评论将短视频视为"奶头乐"和"精神鸦片"；同时，随着短视频生态、商业模式不断成熟，商业包裹、侵蚀的视频内容无所不在、无处不有。在个性化推荐算法的精准匹配下，短视频悄无声息地融入人们日常生活，越来越多地占据和支配人们的日常时间，影响和控制人们的日常消费。

然而，在算法主导的信息传播中，对短视频内容生产的系统研究是匮乏的，相关研究或是聚焦内容形态，或是某一种视频类型的实践总结、经验概括，而从技术视角出发，将算法技术与内容生产相关联的系统研究尤为缺乏。

缘起于业余 UGC 的中国移动短视频，在短短 10 年的时间里经历了怎样的发展？短视频内容生产经过了怎样的演变轨迹？动因是什么？平台的推荐算法对内容生产产生了怎样的作用和影响？算法青睐的高流量短视频内容要素规律是什么？算法缺陷对内容生产产生怎样的危害？这些问题都没有得到应有的系统的研究，而这些问题的研究对于短视频行业的发展无疑具有十分重要的作用。正是对于这些问题的思考和兴趣促使了本书的写作。当然，我不敢奢望以一己之能、一书之篇幅完全寻得答案，但是，本书将首次对中国短视频内容生产进行系统观照，起点为 2013 年，终点是 2023 年。

研究的问题分为四个层次：

第一，中国短视频行业的发展历程及发展动因。

---

① 余敬中：《产业化升级：媒体 MCN 必由之路》，《视听界》2020 年第 6 期，第 12 页。

第二，在中国短视频发展的历史背景下，分析短视频内容生产的演变轨迹。

第三，在推荐算法主导的传播中，分析算法对内容生产的作用和控制。研究推荐算法主导下的短视频内容要素共性。

第四，审视推荐算法缺陷和危害，研究通过算法优化促进短视频内容生产的路径。

本研究试图达到以下目的：一是从历史维度廓清中国短视频产业发展的脉络和面貌，揭示短视频内容生产模式的演变轨迹，阐释变化的动因及本质。二是面对算法技术主导的传播变革，一方面从理论纬度揭示推荐算法下高流量短视频内容要素规律，另一方面审视算法缺陷以及对内容的危害，从促进短视频内容建设出发探索算法进化的路径。

研究视角和方法

本书以技术视角对中国短视频内容生产进行研究。众所周知，人类传播的历史就是传播技术革命和演进的历史，从 1450 年古登堡铅字印刷术，到电报、广播、电视、卫星通信、计算机、互联网、人工智能以及其他的重要技术发明，都引发了传播的历史性变革，对传播具有形塑的作用。近年来，社交平台的崛起和短视频算法平台的繁荣，就是移动互联网、4G 通信网路等技术演进以及网络融合的直接结果。

在传播学学术领域中，技术范式是一个重要的学术面向和传承。20 世纪 90 年代，著名学者卡斯特的鸿篇巨制“时代三部曲”出版，其中蜚声世界、影响最为深远的当属《网络社会的崛起》，该书就是以信息技术为视角，分析信息技术革命对经济、文化、社会的推动与影响，因为“这些戏剧性的技术变迁，是当前最直接感觉到的结构性转化”①。尽管此书并非严格意义的传播学著述，但该书审视了技术与社会力量的互相影响，对当代传播学的影响是十分深远的。又

① 曼纽尔·卡斯特：《网络社会的崛起》，夏铸九、王志弘等译，社会科学文献出版社，2001，中文版作者序第 1 页。

如，传播学研究版图中的一个重要分支——媒介环境学派，该学派以伊尼斯、麦克卢汉和波斯曼等为重要代表，按照技术和媒介的演化来划分人类历史，如波斯曼在《技术垄断》一书中将人类历史分为工具使用文化、技术统治文化、技术垄断文化三个阶段。媒介环境学派的研究揭示了媒介和媒介技术对于社会、文化和心理的重要的、长期的影响。伊尼斯"传播的偏向"、麦克卢汉"媒介即信息"的思想已成为传播学发展历程中的高地和丰碑。

需要说明的是，技术范式并非技术决定论。技术并不决定历史演变和社会变迁。卡斯特《网络社会的崛起》一书以信息技术为切入口，探讨信息技术对经济，文化社会的作用与影响，审视技术与社会力量互相影响下的新社会，旨在揭示技术、社会、经济、文化与政治间的相互作用，以及对生活的重新塑造。他指出技术并未决定社会，社会也并未决定技术发明，但社会能否掌握每个历史时期的决定性技术，相当程度塑造了社会的命运。[①] 总之，并非技术决定了社会，而是技术、社会、经济、文化与政治之间的相互作用重新塑造了我们的生活场景。

尽管技术范式都强调技术的作用和影响，但是对技术以及技术演进效应的主观态度和认识存在不同的价值立场。如果说麦克卢汉趋向肯定电视和计算机等技术的正面效应，是技术乐观主义者，那么他的弟子波斯曼则十分警惕技术的负面效应，这个自称"不听话的孩子"认为，技术是一把"双刃剑"，对技术崇拜提出了严厉的警示，他的媒介三部曲，从《童年的消失》《娱乐至死》到《技术垄断》一以贯之，预见并批判了技术对于人、社会和文化的危害。在 30 年前，美国历史学家梅尔文·克兰兹伯格（Melvin Kranzberg）在有关技术与社会之间的关系律责中提出：技术既无好坏，也非中立。这一散发着智慧光芒的"克兰兹伯格第一定律"，越来越成为一种共识。

以信息技术为中心的技术革命正在加速创造社会的物质基础。本书"算法时代的中国短视频内容生产"，是在移动通信技术、网络技术、大数据、人工智能

---

① 曼纽尔·卡斯特：《网络社会的崛起》，夏铸九、王志弘等译，社会科学文献出版社，2001，第 5—16 页。

等信息技术不断创新的背景下进行的一项研究。近年来看，人工智能深度融入信息传播，带来了传播的深刻变革。智能算法是人工智能的核心要素，是信息传播的底层支撑。算法和传媒深度融合，改变了信息采集、生产、分发和反馈等整个过程，并且正在全面重塑传播生态。在算法主导的短视频平台，内容的生产和传播受控于推荐算法。和传统媒体不同，在算法平台，内容发布后便进入算法流程，由机器进行审核、理解和归类、排序、分发，用户也不再是鲜活的个体，而是被算法标签化的数据人，机器按照其历史浏览等数据推导用户喜好，之后经由算法模型进行内容与用户的匹配，根据匹配度排序进行分发。所有这一切都是机器和算法模型完成的。一方面，作为先进生产力，算法分发有效应对了移动互联网海量信息超载带来的分发危机；而且个性化推荐算法打破千人一面的大一统秩序，通过内容生产和消费的匹配，实现资源配置的高效率。另一方面，算法技术并非中立，算法是权力，在现实中，算法权力对个人、社会、文化都产生了令人不安的威胁和隐患。

综上所述，本书秉承技术范式，在信息技术视角下展开研究无疑是必要的和适当的。

本研究主要采用的方法是文献分析法、深度访谈法和文本分析法。

研究方法的选择源于研究的问题。为了分析 2013 年以来短视频的发展脉络、短视频内容生产模式变化的轨迹，文献分析法是一个必然的选择。文献分析法是历史研究的基本方法，本书所使用的文献分析对象包括以下类型：文件类、信息类，统计数据、行业报告、专业的学术文献等。

本书还运用深度访谈的方法。根据需要，对平台推荐算法、短视频内容生产等相关问题进行了深度访谈。有关平台推荐算法的学习和访谈是一个无比艰苦的过程。一方面，作为一个从大学本科开始就与数学学习绝缘的文学博士，自己的知识结构、知识背景有很大局限，起初读计算机专业人士写的文献像读天书一般；另一方面，在非 IT 类专业作者的文章中，隔靴搔痒、一知半解、混乱不清的比比皆是，需要一个拨乱反正、消除噪声的过程。这场对机器学习、算法模型等人工智能领域专业知识的学习于我而言可以说是一次“偏向虎山行”的知识修行。在具备一定知识储备后，开始设计访谈提纲，我先后访谈了平台算法工程师、公司高管，国家行政主管部门计算机科学专业的研究人员，以及人工智能专业的博士、计算机科学硕士等人员，共7位。此外，就短视频的内容生产相关问题，对主流媒体新闻类短视频账号负责人、头部MCN账号运营人员也进行了深度访谈。访谈对象及人数以“滚雪球”方式确定。

文本分析法，主要用于高流量短视频内容要素系统的研究。本书对所收集的近300个历史爆款短视频样本进行了文本分析。

概念界定、主要内容

一、概念界定

理论建立在概念之上。在对算法时代中国短视频内容生产进行研究之前，必须首先对本研究涉及的重要概念给予明确的界定，需要界定的概念包括短视频、推荐算法、算法分发、MCN等。

1. 短视频

本书讨论的短视频是指移动互联网技术下的一种视频类型。需要厘清的是，21世纪第一个十年Web2.0时代PC端的UGC聚合网站（如优酷网、土豆网等）发布的短视频不在研究之列。

自2016年短视频异军突起以来，有关短视频的各种文献热度陡增，但在学界、业界对于短视频这一概念的解释却是各有不同。早期比较有影响的是第三方机构艾瑞咨询在《2016年中国短视频行业发展研究报告》中的解释，报告称，短视频是“指一种视频长度以秒计数，一般在5分钟之内，主要依托移动智能终端实现快速拍摄和美化编辑，可在社交媒体平台上实时分享和无缝对接的一种新型视频形式”。学术界有早期的研究者称短视频“是一种视频长度以秒计数，主要依托移动智能终端实现快速拍摄和美化编辑，可在社交媒体平台上实时分享和无缝对接的一种新型视频形式"[①]。也有研究通过描述短视频的特征进行界定，将短视频特点概括为：（1）时长短；（2）制作简单；（3）社交属性强；（4）主旨明确；（5）快餐传播；（6）营销效应。

本书研究的短视频是指在移动互联网技术和移动通信技术下的智能传播中，以移动智能终端为载体，源起于业余 UGC 上传、分享，视频长度极短或较短，区别于传统电视节目和传统网络视频的一种碎片化的新型视频内容形态。从视频形态上看，包括虚构、非虚构两大类型，从内容生产来源上包括 UGC、PGC、PUGC 等。本书研究的短视频时长不超过 10 分钟。为了表述上的方便，又将其中 30 秒以内的短视频称为微视频。

2. 推荐算法、算法分发、算法媒体

推荐系统是驱动互联网应用的核心技术系统，无时无刻不影响着人们的生活，线上购物，推荐系统会为你挑选满意的商品；了解资讯，推荐系统会为你推送感兴趣的新闻；消遣放松，推荐系统会为你奉上欲罢不能的短视频……推荐系统无处不在，是助推互联网增长的强劲引擎。

个性化推荐算法是采用机器学习技术，根据用户的偏好、兴趣和行为，为用户推荐相关内容或产品的推荐系统。其核心目的是实现用户与信息的匹配。在智能传播中，个性化推荐算法主导着信息分发。算法的工作原理主要基于以下步骤：（1）数据收集：从用户的行为中收集数据。（2）用户画像：基于用户数据，创建用户"画像"或"模型"，描述用户兴趣、偏好和需求。（3）内容分析：对内容进行分析，提取内容特征标签。（4）匹配与推荐：算法基于用户画像和内容特征进行匹配，为用户推荐最相关的内容。推荐算法是 TIKTOK、抖音、快手等短视频平台的核心分发机制。本书重点关注短视频平台的个性化推荐算法。算法推荐流程简要表述为，一是根据用户以前的观看习惯推导出用户喜好；二是把视频按照内容进行分类和排序；三是把视频和用户喜好进行匹配，并按照匹配度排序并推荐。为了表述便利，文中个性化推荐算法简称为推荐算法。需要说明的

---

① 王晓红、任垚媞：《我国短视频生产的新特征与新问题》，《新闻战线》2016 年第 17 期，第 72—75 页。

是，严格意义上，两个概念不完全相同，个性化推荐算法是推荐算法的一种，但是两者的技术基础和应用实践密切相关，在实际应用中，前者是后者的发展方向和目标。为了研究便利文本不做区分。

算法分发是移动互联网时代算法深度卷入的领域。抖音、TIKTOK 通过算法机制彻底变革信息传播中内容分发方式。算法分发，基于大数据下用户、视频内容的分析而实现的经由算法模型进行内容分发机制，简单来说，就是推荐系统驱动的内容分发，算法分发与之前各类媒体的信息分发机制完全不同，包括社交媒体。尽管脸书、推特等社交媒体都引入了推荐算法，但社交媒体基于人际关系社交图谱进行分发这一特点没有改变，而算法分发则没有人的参与，是一种全新的、颠覆性的信息分发机制。本书将上述的基于机器学习、数据和算法模型进行的内容分发简称为算法分发，区别于由人参与决定的内容分发方式。

算法媒体是指以抖音、快手、TIKTOK 等应用为代表的以推荐算法系统进行信息分发的新媒体平台。国内通常将这一类新媒体称为短视频平台，但从传播学角度来说不够准确，至少没有切中核心，因为短视频只是该类平台的内容形态，不是这一类媒体的核心特质。国外有文献将 TIKTOK、抖音称为“推荐媒体”（recommendation media），Spotify 前高管和 Anchor 联合创始人迈克尔·米尼亚诺（Michael Mignano）认为，社交媒体时代已经终结，TIKTOK 的崛起，将我们带入了一个“推荐媒体”时代。[①] 从时间维度，抖音、快手是伴随微信、微博等社交媒体一起成长的，以至于长期以来被人们混同于社交媒体。但两者的传播机制存在根本区别。抖音、快手和微信的区别，不在内容，也不在内容的表现形式，而在于底层的传播机制，在于对数据的依赖程度和算法的角色地位。微信等社交媒体是用户驱动的以社交图谱进行的信息分发，内容传播是用户主导的；而抖音、快手则是数据驱动的算法分发，内容传播是算法主导的。总之，从传播角度，抖音、快手的核心是算法机制，这是区别于脸书、微信、微博等社交媒体的根本所在，如果说推荐算法颠覆了社交媒体的内容分发机制也不为过。因此本书将推荐

---

① 方兴东、顾烨烨等：《ChatGPT 的传播革命是如何发生的？——解析社交媒体主导权的终结与智能媒体报道的崛起》，《现代出版》2023 年第 2 期，第 35 页。

算法主导的短视频平台称为算法媒体。

需要说明的是，随着算法在移动媒体应用中显示的强大渗透力，社交媒体Facebook、Ins、Twitter、微信等平台也开发了大量复杂的算法模型，投入到各自应用中，比如Ins将一些与好友无关的、基于算法的兴趣信息推送给用户，排序上优先算法推荐的视频而非好友的照片，这种分发方式的改变甚至引发用户抗议运动“Make Instagram Instagram again”；微信订阅号也在将算法推荐的、非用户自主订阅的内容分发给用户。社交媒体采用社交+算法的混合分发成为常态。虽然，社交媒体也在引入算法改进分发机制，但其核心逻辑仍然是人际关系和社交图谱。

3. MCN

MCN（a Multi-Channel Network）起源于美国YouTube。按照维基百科的界定，MCN为自媒体内容频道提供相应的服务，如产品、投资、宣传，合作伙伴管理，数字版权管理，经营变现，用户拓展等，从而获得一定比例广告分成。海外MCN的作用主要是帮助内容方进行内容营销，通过广告实现双方盈利，MCN很少参与内容生产。MCN进入中国后，在实践中经过了本土化的改造。本土MCN没有统一的概念界定。百度百科的解释是“将PGC内容联合起来，在资本的有力支持下，保障内容的持续输出，从而最终实现商业的稳定变现”，被行业广泛引用。华映资本将MCN简称为有能力和资源帮助内容生产者的公司，也有文章将MCN比喻为内容仓库、资源助推器、网红联盟等。第三方咨询机构易观在“中国短视频行业年度盘点分析2018”报告中将MCN定义为：聚合若干短视频内容创作方，为其提供包括内容制作、版权管理、宣发推广、粉丝运营、变现销售、资源对接等专业化的服务，获取广告或销售收益分成的机构。

本书中的本土MCN是指聚合分散的内容生产方和创作者，汇聚优质内容，以机构化、规模化生产，保持品质内容的持续供给，并对接平台和广告厂商，通过内容运营实现变现、获取广告或销售收益分成的组织和机构。参与上游内容生产是中国本土 MCN 机构（包括公司）显著的特点。中国 MCN 公司和机构类型较多，有 PGC 团队转型为 MCN 机构的，有签约网红、达人的网红工会，也有 PGC+网红的混合体；有内容型 MCN，也有电商型 MCN，本书的研究侧重内容型 MCN 机构。

二、本书的主要内容

在对研究缘起，研究的主要问题和目的，研究视角、研究方法，主要概念进行阐述和说明之后，接下来概述本书的主要内容、结构和各章节提要。

本书将短视频内容生产置于中国短视频发展的历史进程中进行研究，分析短视频平台内容生产模式的演变轨迹和动因，研究推荐算法机制下短视频文本要素的共性特征，阐述推荐算法技术逻辑和商业逻辑对内容生产的影响，试图提出推荐算法进化的路径和方向。

第一章 中国短视频发展概述

从用户、平台、商业、内容等维度描述短视频应用兴起和产业崛起两个历史阶段呈现特点，从技术、资本、国家治理以及平台驱动等外部和内部因素阐释发展的动因。

第二章 中国短视频内容生产的演变

以中国短视频发展历程为背景，聚焦主导短视频流量的内容，分析内容生产模式的演变，并在媒介经济学理论下阐述短视频内容生产模式演变的原因。

第三章 推荐算法对短视频内容生产的影响

从个性化推荐算法原理出发分析其对于内容流量和流向的控制，继而讨论推荐算法逻辑下短视频内容要素的共性特征，之后论述算法技术逻辑、商业逻辑下的内容偏向，以及所造成的公共内容缺失的现实。

第四章 算法进化

从媒体公共性出发，聚焦公共内容缺失所产生的问题、后果，继而以促进公共内容生产为目标，从内外两个方面探讨推荐算法进化的路径和方向。

结语

总结全文，重点阐述研究成果，并说明不足。

本书第一次将中国短视频内容生产置于变动着的短视频历史图景中进行研究，也是第一次从技术视角对短视频的内容生产给与全面系统的学术观照。研究试图从理论纬度探索并构建高流量短视频文本要素的体系，同时审视算法逻辑下内容缺陷，针对算法造成的短视频公共内容缺失的现实问题，建设性地提出算法进化的路径。

第一章　中国短视频发展概述

作为一个移动互联网独立的内容形态和应用，中国短视频发端于2013年。不同于其他经过较长时间积累逐渐发展成熟的中国互联网应用和行业，如传统新闻资讯网站、视频网站等，短视频自发端起，仅仅经历了一个非常短暂的徘徊便迅速直线强势崛起。如果把其他互联网应用的发展比作正常播放，那么短视频则是快进式的倍速播放。简言之，在短短的十年间，中国短视频经历了两个发展阶段，以2016年为分界线，之前是应用发端期，以后为产业崛起期，短视频以令人无法企及的速度和力量完成了从涓涓细流到汪洋大海的蜕变。本章从用户、平台、商业、内容等维度描述短视频在发端、崛起两个历史阶段呈现的特点，并参考媒介社会学的研究范式，从技术、资本、国家治理以及平台驱动等外部和内部因素阐释发展的动因。

第一节　中国短视频应用发端

和微博、微信等社交应用一样，移动短视频最先出现在美国，以 Viddy 上线为起点。2011 年 4 月 Viddy 公司率先发布移动短视频社交产品，Viddy 具有即时拍摄、快速生产、及时分享的功能，可实时一键分享到 Facebook（脸书）、Twitter（推特）、YouTube（油管）等社交平台。2013 年 1 月，Twitter 视频分享应用 Vine 推出 IOS 版本，支持用户手机拍摄 6 秒视频，视频可直接发布至 Twitter 与 Facebook，即拍即发，Vine 设置有家庭、音乐、宠物、艺术、科技等内容分类，并结合数据进行热门推荐，依托 Twitter 创建社区。2013 年 6 月，Instagram 平台也推出了视频分享功能，支持长度 15 秒的视频。在 Instagram 开放短视频功能时，其月活跃用户已经达到 1.3 亿人，嵌入短视频功能显然比单独开发一个短视频 App 更有效。除了美国，同时期加拿大短视频应用 Keek、日本即时通信 Line App 视频分享等也相继推出。

值得一提的是，2014 年 4 月上线的 Musical. ly，一款在海外市场获得成功的中国团队开发的音乐短视频应用，它曾被中国科技行业称为海外市场之王。Musical. ly 借鉴法国年轻创业者 2013 年原创的一个应用 Mindie—— 一款主打音乐元素的竖屏短视频，这在当时是一个与众不同的产品。Musical. ly 曾在北美、欧洲的青少年中红极一时，注册用户达 1.3 亿，月活 4000 万。复制借用他人富有创意的想法，正是 Musical. ly 的起点，但这并不能保证成功，2017 年 Musical. ly 被字节跳动收购，后并入抖音。

紧随海外 Vine 和 Instagram 的脚步，中国的短视频应用在 2013 年下半年开始陆续登场了。2013 年 8 月新浪微博客户端内置“秒拍”，实现 10 秒以内视频的实时分享。“秒拍”是一下科技公司研发的短视频产品，作为微博内置的唯一短视频应用，秒拍通过与新浪微博进行独家合作，获得流量入口。紧随其后，腾讯公司于 9 月推出“微视”App，支持 8 秒视频拍摄，并能同步到其他社交平台。作为一个独立的社交应用，微视既支持用户间的视频互动，同时也可以实现在微信、微博等社交平台的一键分享，具有很强的社交属性。此外，在全球短视频潮头涌动之际，快手 App 前身“GIF 快手”敏锐地捕捉到了时代的脉搏，在宿华加盟并担任 CEO 后不久，快手于 2013 年 7 月果断由动图这种工具型的个人软件转型为短视频社区（2014 年 11 月正式更名为“快手”App），在中国二三线以下城市、乡镇和农村的广大地区快速沉淀了大批草根用户。在中国早期的短视频应用中，美图公司的“美拍”App 稍晚于快手、微视和秒拍，于 2014 年 4 月正式上线，美拍延续“美图秀秀”的定位，主打女性用户。这些早期短视频应用的集中出场，拉开了中国短视频发展的大幕。

2013—2016 年的发端期，从用户市场看，中国短视频应用整体用户总量小，但增长快。根据第三方机构易观《中国短视频市场专题研究报告 2016》监测数据，截至 2015 年年底中国短视频整体月活用户 3000 万人+，用户总体规模小，短视频作为一个新生应用，在移动互联网大盘中处于边缘状态。但是，短视频用户增长较为迅速，特别是 2015 年全年增长率近 120%，从 2015 年 1 月 15 日到 12 月 15 日，短视频月活用户从 1505 万人增长到 3292 万人。2015 年用户单日使用时长和启动次数较为稳定，全年人均单日使用时长在 20. 3~24. 5 分钟，启动次数 3. 6~4. 8 次，这一时期短视频获得了用户的初步认可。

从平台格局看，发端期的短视频平台进入门槛低、数量少、总体规模小，其中，快手、美拍、秒拍、微视、小咖秀等应用凭借用户、技术、渠道等方面的优势，处于领先位置。

快手，秉持“公平普惠”价值理念，定位清晰，特点鲜明，在中国广大的低线级城市、乡镇及农村覆盖广泛。2013 年 7 月快手由 GIF 工具产品转型为短视频社区平台，在早期积累的用户和口碑基础上，延续“GIF 快手”极简化产品特色，页面简洁，导航明确，操作简单，进入门槛低，降低了草根用户使用成本。快手注重产品社交属性，通过“关注”“私信”，满足了平台内用户沟通，同时提供了常用社交软件的分享入口，包括微信朋友圈、微信好友、新浪微博等，响应了用户移动端的社交、分享要求。2013 年年底，宿华加盟快手后率先引入智能算法，将推荐算法应用到内容分发上，以内容和用户兴趣的匹配关系进行分发，大幅提升了用户体验，改变了用户规模停滞不前的困境，用户增长了10倍，活跃度迅速提升，日活达到百万级。同时快手普惠原则下的去中心化分发，对于明星大V账号不加权，提高普通UGC的内容传播机会，积累了高黏性的用户。区别于秒拍、美拍，快手的草根社区特色鲜明，从内容形式到互动方式都形成了独特浓厚的草根社区氛围，活跃用户规模持续增长。2014年11月，快手去掉GIF，正式改名为“快手”。2015年1月快手日活跃用户超千万，播放量达到800亿，居于短视频之首。①

美拍，上线时间相对较晚，但发展迅速。延续“美图秀秀”主打女性用户的定位，美拍提出“十秒也能拍大片”的口号，产品的美化工具性能突出，优势明显，例如，集合剪辑、滤镜、水印、音乐、高清画质等要素合成MV特效，以傻瓜式的简单操作便可以获得专业的视觉效果，这种独具特色的影像美化处理工具吸引了大量女性用户。美拍积极与智能手机厂商进行合作，拓展渠道增加用户下载量。内容上，设有明星、搞笑、男神女神、音乐、舞蹈、时尚、美妆、萌宠等频道，初期通过影视、时尚明星引流收获了大量用户。运营上，实施开放平台战略，开放API接口，为聚合类应用或者视频网站开放美拍的视频，如在优酷网站上可以直接观看美拍的相关内容。在短视频发展初期，美拍是最受欢迎的短视频应用之一。

秒拍，作为早期领先的短视频应用，与微博独家排他的战略合作关系是其独特的核心竞争力。秒拍是新浪微博唯一的短视频服务提供商，微博与秒拍用户关系、互动数据完全100%互通，用户可以直接在微博发布和观看秒拍视频。秒拍上线后，从最初的工具属性向着媒体属性方向发展，PGC内容是其一大特色，秒拍聚拢了大量媒体机构，率先推出媒体号，同时也着力吸引大量明星及大V、达人等入驻。2014年7月，秒拍发起“ALS冰桶挑战赛”，共有128位明星参与，20亿关注，成为年度的娱乐盛事和重要社会事件。从用户属性看，秒拍用户分布较为均衡，一线城市、较高学历用户占比高。总之，借力微博平台，秒拍获得

---

① 快手研究院：《被看见的力量——快手是什么》，中信出版集团，2020，第12页。

的先发优势。小咖秀是2015年5月秒拍母公司一下科技公司推出的又一个短视频爆款应用，上线仅两个月，便位列AppStore榜第一位。小咖秀以“人生如戏全凭演技”为口号，用户以对口型的表演方式，自己创作热门影视和综艺。定位于搞笑的内容平台，小咖秀迅速收获90后等一批喜欢“秀自己”年轻用户。在新浪微博和秒拍互通平台机制下，小咖秀的短视频获得病毒式传播。2015年拥有秒拍、小咖秀的一下科技公司受到资本追捧，斩获了2亿美元D轮融资。

腾讯微视，以“沟通世界，8秒无限”为口号，力图依托QQ、微信等社交应用积累的庞大用户基数，在移动短视频的风口占据先机。微视上线以来便向社交平台的方向发展，微视具有一键分享到QQ空间、微信好友和朋友圈以及微博等平台的功能，同时设置私信功能和交友的内容板块。内容上设置有明星、美女、搞笑、交友、才艺等板块。

这一时期，短视频平台发展的一个共性是逐渐从初始的工具属性应用向着媒体平台或者社区平台两个方向演进。注重工具性功能开发是早期短视频应用的共有特性，滤镜、特效等美化功能几乎成为应用的标配，比如美拍就定位为“视频自拍神器”。但是，工具性应用具有明显的局限，用户使用黏性较差，张小龙曾说：好的工具应该是用完即走。于是在短视频平台发展中出现了两个方向的探索，一是以快手为代表，向社区型平台转型；二是以秒拍为代表，向媒体型平台转型。快手前身“GIF快手”是一个工具型产品，内容主要通过微博进行传播。快手的社区转型并非一帆风顺，初期便陷入了日活量低迷的阶段。宿华加入后，2013年7月快手增加了内容分享功能，用户生产的内容可以在社区里分享给所有网友；12月，引入智能算法，将个性化推荐算法应用到内容分发上，根据消费端用户喜好进行相应的内容推荐，用户活跃度明显提升。2015年1月快手每日活跃用户数（DAU）超过千万，初步实现了由工具型产品向短视频社区的转型，并进一步向着大型社交平台的目标演进。不同于快手，秒拍依托新浪微博，尝试进行媒体化平台的转型。微博是媒体属性的平台，聚集了1万多家媒体、官方机构，秒拍与微博合作，不仅获得流量的支持，同时也获得他人无法企及的原创优质PGC内容以及3000位明星资源。在向媒体平台转型过程中，秒拍积极出击，继成功策划了2014年冰桶挑战赛之后，2015年4月推出了短视频节目“暴走街拍”，12月开放时长限制，支持最长15分钟的视频上传。早期UGC平台中，秒拍是媒体属性较为突出的短视频应用。

从内容看，发端期的短视频是在缺乏规制和监管下野蛮生长的草根狂欢。内容特征表现为UGC主导，类型单一、同质化明显，功能单一、感官娱乐为主，整体品味低品质糙。和早期视频网站以草根UGC为主要内容的模式类似，中国移动短视频也是起源于UGC用户的上传和分享。21世纪初，优酷、土豆、酷6等视频网站跟随当时美国“油管”网站的模式，依托UGC视频内容得到快速发展，在一系列的突发事件特别是2008年汶川地震等重大公共事件中，UGC的传播价值得到认可。在移动互联网时代，用户UGC内容源源不断地汇聚到短视频平台，在短视频发展初期占据主导位置。从类型上看，几大平台都以美女、搞笑、明星、宝宝萌宠为主要板块，内容严重雷同，同质化明显，满眼望去，制作粗糙的猎奇、恶搞、秀下限等满足感官娱乐的内容比比皆是。热门内容主要集中在网红、明星身上，这一时期是草根网红的高光时刻。

这一时期短视频的问题，第一，表现为同质化严重。无论是平台还是视频内容均呈现明显的同质化。打开各个短视频App，无论是UGC为主的平台还是转型PGC的平台，在内容布局、界面呈现、产品功能、社区运营、营销方式上都存在明显的同质性。用户在一片汪洋中很难找到所需的内容，海量同质的内容与多元化、个性化的用户及需求没能实现有效、高效的匹配。第二，制作粗糙，内容审丑、低俗倾向突出。此时生于民间草莽的短视频远在庙堂规制监管的视线之外，为了流量，无视道德价值和社会公序良俗，猎奇、秀下限，各种低俗、恶趣味、脑残、毁三观的UGC视频一次次挑战人们的认知底线和极限，有演技尴尬的黄段子，有未成年人怀孕的炫耀，有吃毛毛虫、喝小便、炸裤裆的重口味，有挑逗、暴露表演的色情擦边球。扭曲、变态、丑恶表达的泛滥，使短视频内容生态乌烟瘴气。第三，没有商业模式。高流量的UGC内容拥有吸引眼球的作用，但是难以形成持续的商业价值，一方面内容小散零碎，没有规模，另一方面内容粗糙、粗俗，很难形成一个承载广告的内容基础。

总之，发端期的中国短视频，在先发入场的快手、微视、秒拍、美拍等平台引领下获得用户的初步认可，在互联网边缘地带渗透，UGC 内容成就了一场野蛮生长的草根狂欢。

第二节　中国短视频产业崛起

在经历了几年的徘徊之后，2016 年短视频迎来转机，2017 年，在平台、内容、资本、监管、技术等内外动因共同作用下，中国短视频产业迅速崛起。2017 年短视频超过移动直播，一举扭转了 2016 年被直播打压的局面；2018 年超过网络视频，坐上视频霸主的宝座，晋级中国第四大互联网应用，成为中国移动互联网版图中耀眼高光的明星级应用。2022 年 12 月短视频用户突破 10 亿大关。以下主要从用户、平台、内容、商业等四个维度进行特点描述。

一、用户

在中国移动互联网用户整体增长乏力的大趋势中，2016 年以来短视频用户规模持续逆势增长，黏性持续提升，在中国移动互联网应用中，短视频保持着流量高地和时间黑洞的强势地位。回望历史，在“抖音”出世前，2016 年内嵌在“今日头条”中的短视频使用量开始呈爆炸式增长，第一季度活跃用户每天使用时间达 53 分钟，到了第三季度，用户使用时长飙升到 76 分钟。数据会说话，“今日头条”上用户短视频使用已经超过了图文，在字节跳动这个王牌资讯聚合平台上，超过一半的增长来自短视频。根据第三方机构 QuestMobile 数据（以下简称 QM），2016 年年底中国短视频用户规模超过 2 亿。

五年后，2022 年中国有 10 亿网民在刷短视频。CNNIC 第 51 次《中国互联网络发展状况统计报告》的数据显示，截至 2022 年 12 月，我国网民规模 10.67 亿，同比增加 3.4%，其中短视频继续领跑大盘，用户规模 10.12 亿，同比增长 8.3%，使用率高达 94.8%。自 2018 年起中国移动互联网步入存量时代，用户规模逼近饱和，而短视频用户却保持稳步增长。QM 数据显示，2016—2022 年 7 年间，大盘净增长量仅为 1.8 亿；除 2016 年以外，其他年份同比增长率一路下探，低位徘徊。相反在此周期中，短视频行业用户规模净增长 7.5 亿，增长率是大盘的 3 倍多（见表 1-1）。短视频用户同比净增量连续多年位列中国移动互联网应用的第一位。

在互联网巨头对用户时长争夺加剧的背景下，短视频使用时长和增速保持强势增长，短视频日益成为人们日常时间的抢占者。QM 数据显示，2017 年整个移动互联网人均单日使用时长同比增长率仅为 3.8%，而短视频人均单日使用时长同比增长达 44%。2018 年短视频月使用时长仅次于即时通信时长，位列第二位，2018—2020 年的三年来，短视频月均使用时长增速一路领先，2018 年月均使用时长同比增幅 47%，2019 同比增幅 25%，2020 年同比增幅近 40%，达到 42.6 小时，持续抢占即时通信和其他泛娱乐的使用时间（见图 1-1）。到了 2022 年，短视频月均使用时长同比增长有所下滑，但仍保持较高增长。5 年来月均使用时长从 2018 年的 24.4 小时，一路上行，到 2022 年达到 67.1 小时，用户日均使用短视频时间超过 2.2 小时。

表 1-1 短视频月活用户与移动互联网月活用户的对比（2016—2022 年）

	短视频月活用户 MAU		移动互联网月活用户 MAU	
	MAU（亿）	同比增长率%	MAU（亿）	同比增长率%
2016.12	2.04	27.3	10.2	17.8
2017.12	4.17	104.8	10.85	6.3
2018.12	7.12	70.8	11.31	4.2
2019.12	8.02	12.6	11.39	0.7
2020.12	8.50	6.0	11.58	1.7
2021.12	8.97	5.5	11.74	1.4
2022.12	9.56	6.6	12.03	2.5

数据来源：根据 QuestMobile 数据研究院提供数据整理。

从中国移动互联网细分行业用户使用总时长占比看，短视频使用时长占大盘总时长的比例一路攀升，2021 年超过即时通信，成为全网时长占比 TOP1，在其他应用时长占比持续下降或基本不变大势下，短视频时长占比从 2019 年

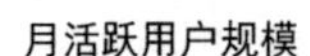

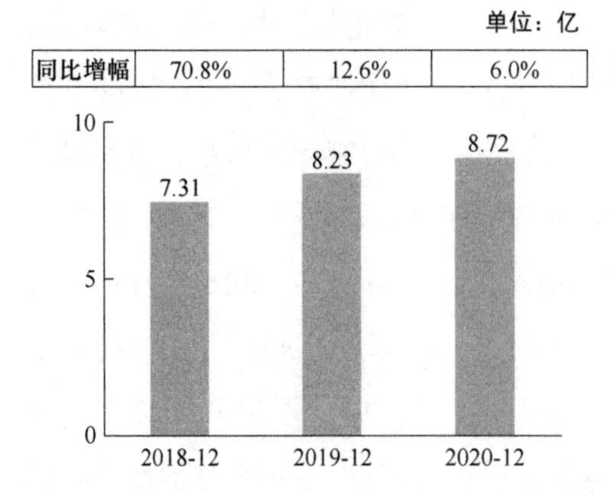

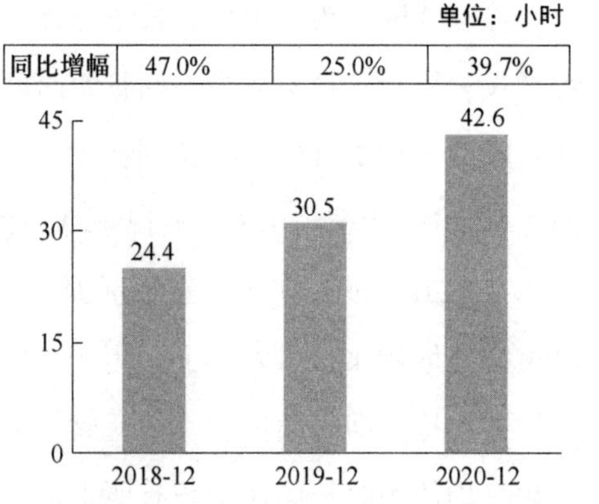

图 1-1　2018—2020 年短视频用户规模和月均使用时长

数据来源：QuestMobile 数据研究院提供。

的 15. 2% 增长到 2022 年的 28. 5%。相反，即时通信则从 26. 5% 下降为 20. 7%，短视频一枝独秀，以绝对优势继续强势挤占即时通信、综合资讯、在线视频、电商等的应用份额（见图 1-2）。在泛娱乐行业渗透率饱和的情况下，2020 年短视频渗透率（75. 2%）仍然保持增长，而在线视频、移动音乐、手机游戏、数字阅读等均下滑；且短视频渗透率超过在线视频，位列泛娱乐行业首位（见图1-3）。

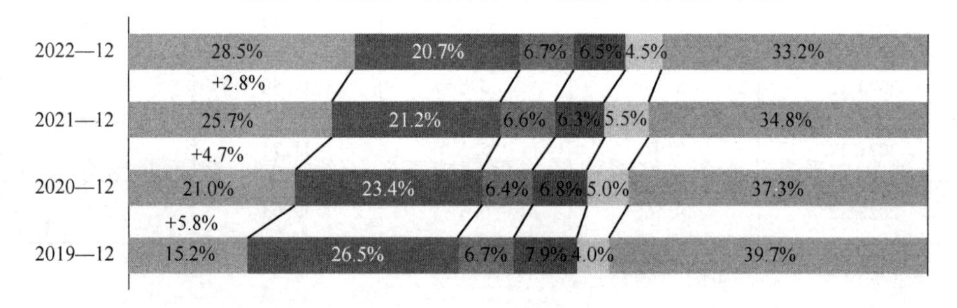

图 1-2　中国移动互联网细分行业用户使用总时长占比

数据来源：QM TRUTH 中国移动互联网数据库，2022 年 12 月。

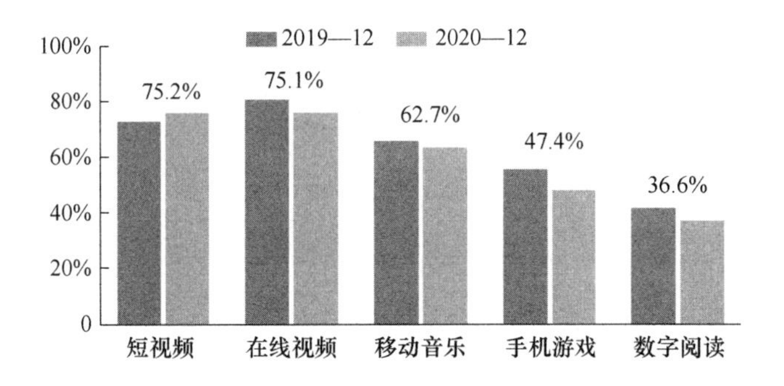

图 1-3　2019—2022 泛娱乐细分行业用户规模渗透率

数据来源：QM TRUTH 中国移动互联网数据库，2020 年 12 月。

经过多年高速发展，短视频成为中国移动互联网名副其实的流量高地和时间黑洞。

二、平台

如果把短视频比作一辆赛车，抖音、快手平台就是发动机。短视频产业的崛起是在平台驱动下进行的。2016 年以来，互联网巨头纷纷入场，平台规模持续扩张，短视频平台从百团大战到寡头格局，逐步完成了从一超多强，到两超并举、多强竞争，再到抖音领衔下三寡头格局的演变。

2016 年短视频平台数量快速增加、规模持续扩大，互联网巨头纷纷入场，竞争加剧。除了快手、秒拍、美拍、微视等先期进入者，2016 年下半年起，字节跳动推出短视频矩阵产品头条视频（西瓜视频）、火山小视频、A. me（抖音前身）；11 月梨视频上线。2017 年大批入局者密集跟进，3 月土豆网全面转型为短视频平台，6 月头条视频变身为独立 App 西瓜视频，此外，快视频（360 旗下）、波波视频、爱奇艺头条、好看视频（百度旗下）纷纷入局。截至 2018 年 5 月，仅安卓系统中短视频 App 达到 517 个。①

在数量激增的同时，平台规模持续增长。QM 数据显示，2017 年快手月活用户数达到 2 亿人，在“中国亿级最强增速榜 TOP10” App 榜单上位列第二，实现

① 邓子薇：《移动互联网时代下短视频 MCN 模式研究》，硕士学位论文，西南交通大学，2018，第 48 页。

了令人侧目的现象级增长；火山小视频、西瓜视频在“中国5000万以上最强增速TOP10”App榜单上，名列前两位。易观发布的榜单“2017年度MAU超千万月度复合增长TOP10”中，火山小视频、西瓜视频、抖音等5个短视频App就占据5席。2017年快手一骑绝尘，跃升亿级平台，其身后千万级以上平台有6个，分别是抖音、西瓜、火山、秒拍、美拍、土豆。2018年中国短视频平台规模持续扩大，4个平台月活过亿，其中快手、抖音日活过亿。QM监测数据显示，2019年上半年，字节跳动旗下3款短视频（抖音、西瓜视频、火山小视频）去重月活更是达到近6亿（5.88亿），快手月活近4亿。随着短视频平台成为流量入口，2017年以来互联网巨头纷纷进场进行生态布局，腾讯系（快手、微视）、阿里系（新土豆）、头条系（抖音、西瓜、火山小视频）、新浪系（秒拍）、百度系（好看、Nani小视频）、360系（快视频）无人缺席，巨头间的平台之争日益加剧。2018年下半年腾讯、百度旗下新增了至少15款短视频产品。即使到了2020年，在平台格局基本稳定之时，互联网大厂对短视频的布局仍在加码，如爱奇艺推出App“随刻”；微博推出微博视频号计划，腾讯浓墨重彩推出了微信“视频号”。此外，继主要视频网站、新闻资讯、电商平台内置短视频模块外，越来越多的社交、垂类等互联网平台通过“短视频+”内嵌短视频功能，知乎新增“视频”社区、微博内置“爱动小视频”、陌陌推出“谁说”，等等，不一而足。

短视频平台在短短的数年中，从春秋战国群雄争霸的激烈动荡，逐渐进入寡头制下的动态平衡格局。

经过发端期的洗礼，2017年，快手一枝独秀，独领风骚，短视频平台呈现“一超多强、梯次排列”的竞争局面。国家语言资源监测与研究中心发布“2017年度十大网络用语”中，“皮皮虾，我们走”“扎心了，老铁”两大热词均出自短视频平台快手，可见快手的社会影响力。2016年下半年上线的抖音、火山小视频在2017年Q3开始发力，和西瓜视频一起站上5000万+的用户关口，字节旗下这3款的短视频应用势头迅猛，超过了先期入局的老牌平台美拍、秒拍、土豆。后来居上的抖音背靠字节公司，以个性化推荐算法技术为核心驱动，内容上主打15秒音乐短视频，通过发起话题挑战激发用户创作和互动热情，通过与热门综艺合作扩散抖音在年轻用户中的品牌影响力。2018年，不到两年的时间，抖音便跻身亿级头部，和快手并驾齐驱。随着巨头间争夺的加剧，短视频平台形成“两超并举、多强竞争”态势。2017年快手封王，2018年抖音称霸，且抖音以超速度追赶快手，经过2018年春节期间强势拉升，到年中日活已追上快手，抖音官方数据显示，2018年10月日活用户突破2亿。此时抖音、快手形成双峰，优势不断扩大，遥遥领先其他平台，并且成为全民应用。抖音、快手之外的多强竞争，集中在巨头旗下的平台之间，包括头条旗下西瓜、火山小视频，百度好看视频、微信微视，老牌土豆、美拍以及新浪旗下的秒拍等平台，而巨头之外其他平台已经失去竞赛的机会。2019年，两超多强趋稳，“抖快”博弈升级 。“抖快”双峰的优势日益扩大，尽管腾讯微视、百度系短视频平台的流量也在增加，但双寡头地位已经稳固。QM数据显示，2019年12月，抖音DAU2.71亿+，MAU4.89亿+，快手DAU1.84亿+，MAU3.79亿+。尽管百度、腾讯等互联网巨头采用重金投入、流量补给等强攻战术，但旗下产品始终不温不火，大多数要么半途夭折，要么遭到合并，无奈之下，腾讯最终被迫将寄予厚望的“火锅视频”（前身Yoo视频）整体并入了腾讯视频，此种无奈也表明，抖音、快手筑起的护城河在短时间内难以撼动，两超格局企稳。在这场战役中，抖音、快手双方推出的极速版立下了汗马功劳，抖音、快手通过极速版快速实现了战略下沉，不仅在下沉市场中收割了大量用户，加固了双寡头的护城河，而且阻击了腾讯、百度的大举进攻。2020年12月，短视频行业月活TOP5均被头条系和快手系两寡头瓜分。此后，头条系和快手系平台牢牢掌控占据短视频行业的头部流量，平台马太效应日益显现。

随着用户规模、商业规模优势日益扩大，抖音、快手双寡头占据行业头部，马太效应日益加剧。在摆脱巨头的围剿之后，2019年以来，抖音、快手双方在用户、内容、商业化方面的竞争全面展开，博弈不断升级，随着2021年2月快手成功登陆港交所，双寡头的厮杀更为激烈，在角逐中，抖音保持并不断扩大对快手的优势。腾讯在多次搏杀未果后，终于在2020年年初推出微信“视频号”，被当作腾讯“全村希望”的“视频号”用力追赶，根据 QM 数据，2022 年 6 月视频号月活达 8. 13 亿。在微信的加持下，“视频号”成为腾讯对抗“抖快”、博弈国内短视频市场的最后撒手锏。至此，短视频寡头格局确立，其他平台则难以获得跃升机会。

三、内容

2016 年以来，短视频内容画像的轮廓如下：数量从井喷趋于平缓，质量由粗劣趋向专业，娱乐主导下类型走向多元细分；流量集中呈金字塔状；PGC 引领，MCN 快速扩张，UGC 被边缘；短视频日益直播态、电商化，“无带货不视频”成为新常态；内容边界不断突破，加速向图文、直播、短中长视频汇聚的综合平台、交易场景扩展。

短视频内容从无序的井喷式粗放扩张逐渐走向平稳有序。2016 年短视频内容创业兴起，内容供给井喷式爆发，2019 年增速逐渐放缓，步入平稳轨道。第三方机构卡思数据显示，2017 年 7 月中国短视频内容团队约为 20000—25000 个，2017 年 7—12 月，短视频总播放量以平均每月 10%的速度增长，在更节目的平均增速达到每月 16%。2019 年，PGC 总播放量开始下降，在更节目数量连续缓慢减少，红人类内容增速也在下降，但是，流量排名前五的视频类别基本稳定，占比超过 6 成。2020 年，短视频活跃账号总量增速进一步放缓，经过持续洗牌，内容发布量趋于平稳。随着 PGC 入场，短视频质量开始提升，类型趋向多元细分。2017 年，秒拍平台短视频覆盖的垂直品类已经超过 40 余个，几大平台相继推出了各自垂直类的榜单，金秒奖和金栗子奖均设有垂直类奖项。2019 年，15 个内容类型占据了 TOP500 涨粉账号的 95. 75%，内容类型集中度很高，但到 2020 年，这一比例则降至 77. 2%，反映出更多的垂类内容获得了增长。2021 年以后，垂类内容日益成熟，呈现出类别更精细、更多元，体量更规模的特点。以快手为例，平台形成短剧、泛知识与资讯、明星、体育、房产、“三农”、泛时尚泛娱乐 7 大内容类别，其中体育类下共覆盖有 50 多个子类别，硬核赛事以及长尾垂类均获得了相应的规模化增长。泛知识类是各平台都在持续加码的垂类内容，抖音官方数据显示，2022 年 1—10 月，知识类内容发布量增长率为 35.4%，11 月上线的抖音课堂中有近百个细分类目。通过不断的内容建设，平台中热门垂类和小众长尾垂类构成的生态趋于成熟。总之，短视频从最初的娱乐、搞笑、猎奇、明星、萌宠等单一、同质内容不断趋于多元、细分。但是，短视频从诞生之日起就是一个娱乐应用，娱乐始终是短视频的内容基调。

2017 年，各大内容平台纷纷推出针对 MCN 的合作和扶持计划，海外舶来的 MCN 在中国落地生根，MCN 机构的兴起，加速 UGC 模式向专业化内容生产的转向。关于短视频的内容生产专业化转变将在后续章节详细分析，在此不做展开。

在三年新冠疫情期间，短视频日益直播态、电商化，内容和电商快速融合，短视频带货成为常态。短视频直播边界不断扩展，直播类别、场次、时长、用户均再创新高，内容平台不断向交易场景扩展，内容日益电商化。第三方机构飞瓜数据显示，2022 年，抖音带货视频数同比增长超 3 倍，达到了 331%。主打房产交易的“理想家”业务是 2022 年快手内容电商化的突出代表，此业务 2019 年从家居家装短视频垂类内容起步，仅两年多时间打通了“短视频/直播内容分发—看房—交易签约的整体流程，业务覆盖数十个城市。从日用消费品到房产等的固定资产品，短视频平台已经成为 10 亿用户的购物交易平台，日益呈现“无带货不视频”的面貌。

2020 年以来，掌控了全民流量的短视频内容边界日益延伸，向更多维的内容形态拓展，以“短视频+”融合多元内容以获得更大的用户黏性。早在 2020 年“短视频入长”拉开序幕，短视频巨头开始了影视、动漫、综艺等长视频的布局。定位于 PUGC 综合视频平台的西瓜视频是当时字节公司长视频战略的主战场，曾大举引入了版权动画、电影、纪录片，并以独播版权试水会员付费。随着西瓜视频并入抖音，抖音在不断拓宽时长边界。短视频平台布局长视频，不仅是对爱优腾等长视频平台“长视频入短”的反向竞争，同时也是“抖快”竞争保持内容优势和用户黏性的策略。短视频内容边界的多维拓宽，还意味着要创造增量、收割更大市场。于是，在短视频平台看电影，看短剧、刷综艺、学知识，观赛事，玩游戏……这种一揽子的娱乐都成为生活日常。2023 年随着图文内容的上线，短视频平台原有的面貌更加模糊，日益走向图文、短中长视频、直播等各类内容多元共生的综合平台。

四、商业

中国短视频经过了商业起步摸索，于 2018 年迎来了平台主导的商业化提速，广告营销带动短视频商业规模快速扩张，随着平台营销体系和电商体系的不断完善，2019 年短视频进入全面商业化阶段，直播电商异军突起，商业化探索走向多元。此后，得益于疫情数字经济的发展，短视频内容电商成为带动行业增长的新动力。直播电商和广告营销推动短视频商业规模一路高歌猛进、全面扩张。

2018 年前，短视频内容小散零碎，不具备广告规模化投放的条件，广告投放率低下。2018 随着短视频晋级全民应用，短视频市场营销价值增大，同时商业环境在监管的规范下逐步稳定，短视频进入了平台主导的商业化提速阶段。当短视频产业链形成，平台跨过用户增长和内容生态建设两个阶段后，头部平台开始着手商业系统的整体建设，通过搭建规模化、集中化、专业化的系统，促进短视频商业变现。平台进行的多元广告营销体系和开放电商建设是短视频商业化提速的重要表现。首先，头部平台搭建多元广告营销系统，如抖音“星图云图”、快手“快接单”。短视频广告营销是短视频崛起的商业引擎，从 2019 年到 2022 年，伴随用户规模和黏性的增长，短视频广告市场规模从 497.5 亿增长到 1162.15 亿元，4 年间增长 1.3 倍（见表 1-2）。尽管，相较于之前的高速增长，2021 年短视频广告增速开始放缓，但是，与移动互联网其他广告类型相比，短视频广告在大盘的份额占比继续保持上升，2022 年在大盘中占比 17.1%，稳居第二，在泛资讯广告、社交广告、在线视频广告等各类广告占比均减少的负增长下，短视频广告仅次于电商广告（见表 1-3）。QM 数据显示，2022 年1—10 月，互联网广告收入占比 6 强中，抖音 28.4%傲视群雄，快手占比 12.6%，位居第三。在互联网广告市场增速整体下滑趋势下，抖音、快手凭借短视频内容吸金，广告收入大幅增长，对腾讯、百度等其他巨头旗下的媒体产生巨大冲击。

如果说广告营销是短视频崛起的引擎，直播电商则是为其高速发展续航的新动力。2019年短视频直播电商异军突起，随着“抖快”强化电商平台基建、补齐产业链短板，平台电商生态趋于成熟，“抖快”成长为直播电商的头部力量。

表1-2　2019—2022年中国互联网典型媒介类型广告市场规模（亿元）

媒介行业	2019年	2020年	2021年	2022年
电商类广告	1912.71	2496.63	3045.81	3293.71
短视频广告	497.50	826.77	1087.32	1162.15
在线视频广告	280.15	239.33	281.66	262.23
社交广告	555.46	712.55	864.62	896.07
泛资讯广告	1386.23	1011.71	1087.32	1005.68

数据来源：根据QM数据研究院提供资料整理。

表1-3　2019—2022年中国互联网典型媒介类型广告规模占比

媒介行业	2019年	2020年	2021年	2022年
电商类广告	39.6%	45.9%	46.5%	48.3%
短视频广告	10.3%	15.2%	16.6%	17.1%
在线视频广告	5.6%	4.4%	43%	3.8%
社交广告	11.5%	13.1%	13.2%	13.1%
泛资讯广告	28.7%	18.6%	16.6%	14.8%
其他广告	4.1%	2.8%	2.8%	2.9%

数据来源：根据QM数据研究院提供的数据整理。

初期，“抖快”平台对于电商持有限开放的谨慎态度，快手最先推出“我的小店”，2018年“散打哥”创下“双十一”当天1.6亿元的销售额；抖音推出橱窗功能，部分开放在线购物权限，网红带货成了2018年的一道风景。2019年短视频直播电商异军突起，成为存量时代短视频商业变现的风口和短视频商业化又一个爆发点，多元变现的大门终于被打开。快速变现的商业驱动力促使平台加大电商投入，从小分队打法迈向集团军作战，强化电商平台的全面建设，强化直播带货，2019年抖音+快手GMV（Gross Merchandise Volume）总成交额达到1000亿—1200亿元，"口红一哥"李佳琦抖音单场直播带货的销量达数百万元，快手更是获得电商"第三极"的地位。[①] 如果说2018年短视频商业化的重点是广告营销，那么2019年则是发力内容电商；如果说2018年网红带货点燃了星星之火，那么2019年直播电商已成燎原之势。内容电商崛起使短视频行业变现摆脱了单一的广告盈利模式，开始与电商行业深度结合，短视频的娱乐流量正在越来越多地变为种草流量。

短视频电商发展势如破竹，以远超传统电商的增速水平持续扩张。2018年快手电商全年GMV还不足1亿元，2019年跃升到595亿，2020—2022年，分别为3812亿、6800亿和9012亿。[②] 抖音电商后来居上，媒体公开数据显示，2020年抖音电商GMV5000亿元+，2022年接近1.5万亿元。从0到万亿GMV，京东用了13年，淘宝用了10年，而抖音在不到5年的时间便超过万亿。

2020年以来，掌控了全民流量的短视频头部平台四处开疆、八面拓土，加速商业化进程。"抖快"平台持续加码内容电商和本地生活服务业务，全力抢滩建构内容以外其他方向的连接。抖音在直播电商战场一路披荆斩棘之后，为切分更大的市场蛋糕，马不停蹄入局货架电商的厮杀，2023年春节一开工便在抖音商城上线超市业务，试图通过自营超市，补足日常高频核心品类的一站式供应。本地生活服务是带动短视频商业帝国扩张的又一个势力。面对广告增长趋缓，政策监管下游戏和教育收入受挫的大环境，本地生活是继电商后能够拉新促活又能增加变现途径的业务。2023年抖音确定的本地生活服务业务目标值为1500亿元，

---

① 于烜：《2019中国移动短视频发展报告》，载唐绪军、黄楚新等主编《新媒体蓝皮书：中国新媒体发展报告（2020）》，社会科学文献出版社，2020，第188页。

② 根据第三方机构和快手科技公司财报电商数据整理。

其版图从试点扑向全国，从吃喝到玩乐，从到店到到家，到家团购、到店团购、旅行等多方位业务版图落地变现。《2023 年抖音白皮书》官宣，本地生活服务覆盖 370+个城市，总交易额增长了 256%，短视频+直播+搜索综合业态商家的门店同比增长 2. 5 倍，覆盖 260 多个类目。抖音曾经提出，要从人们娱乐方式变为生活方式的宣言正在变为现实。抖音的商业化一路强攻硬夺，活成了令人咂舌的“印钞机”。

综上所述，本节从用户、平台、内容、商业四个维度，展现了 2016 年以后短视频强势崛起的面貌。短视频用户规模、黏性持续增长，2018 年短视频超越网络视频成为中国互联网第四大应用，晋级全民应用，2022 年用户突破 10 亿大关，在移动互联网的版图中保持着流量高地和时间黑洞的强势地位。随着互联网巨头入场，短视频平台数量、规模持续扩张，在短短几年里，平台格局从群雄争霸的激烈动荡，逐渐演变为寡头制下的动态平衡。内容向，短视频数量由井喷暴涨到趋于平稳，质量逐年向好，在娱乐主导下走向多元细分，内容边界不断拓展，流量逐渐汇聚到机构化运营的账号中；在新冠疫情的助推下，短视频日益直播化、电商化，内容和电商快速融合，呈现出“无带货不视频”的面貌。在跨越用户增长和内容生态建设两个阶段后，短视频进入商业化加速通道，广告营销高歌猛进，内容电商狂飙突进，在双轮驱动下，短视频商业规模持续扩大，不断抢占挤压其他网络媒体平台和传统电商的市场份额，商业版图全面扩张。经过 10 年的成长，中国短视频日益走向成熟，已然深深嵌入了人们的日常生活，占据和支配人们的日常时间，影响和控制着人们的日常消费。

第三节　中国短视频发展动因

本节旨在从内、外部因素综合分析中国短视频发展的动因。短视频的兴起和发展是内部、外部因素共同作用的结果。首先从技术、资本、规制等外部因素入手进行分析，之后聚焦平台这一内部核心驱动，由表及里阐释短视频发展的动因。

从外部看，短视频应用的兴起和发展是技术、资本、国家治理等多种因素共同作用的结果，但是需要明确的是，技术演进是短视频诞生、发展的最底层的核心支柱。从短视频的历史发展看，国家层面的监管干预在其诞生发端期是缺失的，直到短视频成长壮大、并从互联网应用的边缘走向中心以后才介入的；再则，针对短视频内容、版权、商业违规的清理、处罚等，也并未改变短视频应用下载和使用持续创新高的总体趋势。再看资本因素，资本与市场始终都是存在的，但是，在技术没有实现突破之前，资本与市场显然也是无能为力的。因此，我们的讨论先从技术这一短视频发展的先决条件和根本支柱开始。

一、技术因素

短视频应用的诞生和产业崛起是技术演进和革命的产物。短视频兴起首先是移动通信技术演进的成果。3G 时代的移动互联网技术催生了中国短视频的诞生，没有第三代移动通信与互联网技术结合下的移动互联网技术，就没有短视频的诞生。同样，没有 4G 普及，就没有中国短视频的崛起。

从移动通信技术的发展历史看，1G 是模拟电路，2G 是数字电路，2G 实现了语音的数字化，手机终端以语音传输为主。但是，受到带宽限制，2G 无法满足视频传输，同时，那时的移动终端与互联网是分离的，互联网还是 PC 端的互联网。突破性的变化是由 3G 移动通信与宽带技术带来的。3G 移动通信带来了信息传输效率的飞跃式提升，手机的语音通话功能降到次要位置，数据通信成为主要功能，3G 和宽带技术的结合，使手机终端能够传输和处理包括图像、视频在内的多媒体内容形式，并且能够实现较高速的数据传输。随着3G时代到来，中国移动互联网的大幕拉开了。2009年中国启动3G商用，经过了几年的推广，积累了相对广泛的用户基础，2012年6月，手机端网民达到3.88亿，且首次超过PC端，中国迎来了移动互联网时代。秒拍、微视、快手等早期的移动短视频应用正是在此时应运而生。

以多媒体通信为特征的3G引发了移动短视频的第一次热潮，但不久后，短暂的热潮便陷入沉寂，以至于腾讯一度甚至准备放弃旗下“微视”App。这主要是带宽和传输效率的技术局限。从技术层面看，尽管3G具备传输视频的能力，但视频的高流量消耗对带宽提出更高的要求，而3G基站之间带宽不足，手机端到端的通信需要经过好几级转发，移动网络通信效率较低，视频传输仍然受到很大限制，下载、播放并不顺畅，带宽不足的缺陷限制、阻碍了短视频应用的发展。对于视频传输而言，宽带扩容是必不可少的技术前提，短视频复兴有赖于4G的来临。短视频应用的发展与带宽升级亦步亦趋，4G移动通信虽然沿用原有基站，但基站之间光纤的带宽增加了，端到端通信时转发次数减少了，从而大大提升了视频传输效率。另一方面，网络技术的融合也使4G传输速度比3G快很多，4G利用互联网和电信网最新技术，如采用分布式基站架构，通过云计算实现虚拟化，以增加网络各个基带的流量平衡。光纤宽带升级以及网络技术融合使得传输速度大幅提升，传输效率得到极大提高。4G下载速度100Mbps，上传速度50Mbps，是3G的5倍。随着视频传输速率的显著提升，人们获得了较3G快5倍以上的上网体验。

然而，单凭技术自身是无法推动中国4G时代的全面到来，这是因为历史上重大技术的应用和普及都是在与社会的互动中进行的，其中，国家是决定性的力量。卡斯特在技术、社会和国家的关系论述中明确提出，国家是技术创新的指导力量，他说：“要了解技术与社会之间的关系，必须谨记国家的角色，不论是拖延停顿、解除管制，或是引领技术创新，国家都是整个过程中的决定因素。”[①]

---

① 曼纽尔·卡斯特：《网络社会的崛起》，夏铸九、王志弘等译，社会科学文献出版社，2001，中文版作者序第16页。

如果社会并不决定技术诞生，但社会却能阻滞其发展，而这主要是通过国家（state）的作用。当国家阻碍或者无法推进技术发展，便导致社会停滞。在研究了日本、韩国、中国等案例后，卡斯特指出，“在日本，国家的角色通常被认为具有决定性作用，日本的大企业长期受通产省引导与扶持……通产省的策略性规划，以及政府与财团之间的恒长联系都是关键性因素，可以解释为什么日本在好几项信息技术的发展中能够超越欧洲，赶上美国。韩国与中国台湾也有相似的经验，不过后者的多国公司扮演着比较重要的角色。印度与中国强大的技术基础，则与国家资助和引导的军事工业复合体有直接联系。”①

就互联网技术革命而言，互联网缘起的历史足以证明国家的决定性作用。众所周知，互联网的前身 ARPANET——1969 年 9 月美国诞生的第一个计算机网络，就是美国国防部先进研究计划局 ARPA 的项目。它是一个用以对抗前苏联帝国的国家军事战略防线，美国政府才是互联网研究的推动者和最大金主。“不论是美国或全世界，国家才是信息技术革命的发动者，而不是车库里的企业家。”②在中国移动通信和互联网技术发展进程中，中国政府不仅是网络升级提速的推动力量，而且在新技术全面普及应用中也发挥着关键作用，如果没有政府推动，4G 时代的全面到来可能就是一句空谈。早在 2013 年 12 月，中国三大运营商就获得了工信部颁发的 4G 牌照，但到 2015 年年底，全国 4G 用户数仅为 3.86 亿，海量的 2G、3G 用户仍在观望等待中。对于普通用户而言，高企的流量资费是阻碍 4G 普及的一个重要因素。从 2015 年开始，中国政府从国家层面出台多个文件明确要求运营商下调流量资费。在国家干预下，高昂的流量资费开始进入下调通道，经过 5 年多轮次下调，2019 年移动通信平均流量资费较 2015 年下降 95%。正是由于网络提速、流量资费降低、智能手机降价这套“一升两降”组合拳，促使中国 2G 、3G 用户整体向 4G 迁移。工信部官网数据显示，2016 年中国月户

① 曼纽尔·卡斯特：《网络社会的崛起》，夏铸九、王志弘等译，社会科学文献出版社，2001，第 79—80 页。

② 曼纽尔·卡斯特：《网络社会的崛起》，夏铸九、王志弘等译，社会科学文献出版社，2001，第 81—82 页。

均移动互联网接入流量也达到了778M/月·户，较2015年同比增长98%，同年2016年，中国4G用户数呈爆发式增长，全年新增用户3.4亿户，突破7亿户关口，移动电话用户渗透率也达到58.2%。2017年，快速、廉价、稳定、无处不在的4G网络已经在中国广泛普及，功能完备的智能手机触手可得，4G用户逼近10亿，手机渗透率达70%，月户均移动互联网接入流量1775MB，这一组数据足以解释2017年短视频用户的井喷式增长。至此，短视频成为全民应用的用户基础已经准备妥当。2019年4G用户突破了12亿，与之相契合，短视频也已稳居移动互联网的第四大应用，而且成为其他各类应用的标配。短视频是4G时代名副其实的杀手级应用。

通过历时性观察，中国短视频从诞生到崛起的历史轨迹与中国移动通信技术、互联网技术的演进以及网络技术融合的发展历程高度契合（见图1-4）。

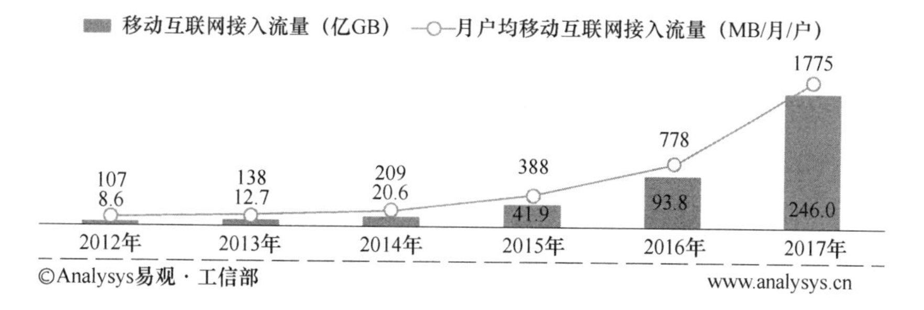

图1-4 2012—2017年中国移动互联网流量接入情况

在中国移动通信和网络技术不断升级、融合的背景下，互联网科技公司特别是以AI为核心技术、拥有领先的机器学习算法技术的公司，投身短视频应用，极大促进了短视频生产、传播以及产业发展。

在生产上，技术创新特别是AI技术应用降低了视频拍摄、制作和发布的专业性门槛，使UGC内容得以便捷快速产出。与以往的专业视频生产不同，短视频拍摄不需要任何专业器材，一部手机即可完成，短视频平台利用人工智能相关技术开发的滤镜、特效、智能配乐、字幕等后期制作功能，为业余创作者提供了一揽子的“傻瓜式”工具，特别是越来越成熟的剪辑工具，几乎将短视频内容生产的门槛降到零，视频从拍摄、制作到发布，一部手机一站式完成。此外，即拍即传的分享，不但支持视频在App内部分享，也可以同步转发到外部微信、微博等社交媒体端，实现了视频社交分享无门槛。对于中国广大的缺乏文字能力的城乡用户来说，文字是使用互联网社交难以跨越的一道坎，即使是140个字的微博也需要用户具备基本的读写能力。草根网民使用互联网始终存在很高的进入障碍。相反，相比使用文字，拿起手机就能随拍随传，就能记录生活和表达自己，这个方式和过程对他们来说显然轻松简单更容易。短视频应用中的新技术降低了视频生产和社交门槛，给普罗大众提供了利用短视频进行自我表达、自我展示、以及人际社交的平台和舞台。正是这些将视频生产权、分享权赋予草根用户的技术创新，激发了海量业余UGC内容源源不断的产出。

然而，仅凭充足的供给并不能成就短视频的普及。试想，如果供给侧源源不断的UGC内容不能及时、高效地分发到消费侧的用户端，那么短视频的命运无疑将被改写，短视频也不可能跃升成为“国民级应用”。随着大数据、机器算力的提升，2012年深度学习技术打破了人工智能的发展瓶颈，取得了突破性进展，推荐算法由此登场。推荐系统是AI领域的一个典型应用，在电商和信息传播中得到广泛应用。短视频平台上，基于海量用户和内容数据形成深度学习算法模型，全新的算法分发的传播机制横空出世，算法技术开启了人类传播新时代。

个性化推荐算法是中国短视频快速崛起的根本性技术驱动。近十年来，人工智能机器学习领域中，深度神经网络技术和深度学习取得了突破性成果，机器会根据你的点赞、评论，以及你点击的相关阅读链接等行为去分析你的偏好，寻找到你也许会喜欢的新内容，然后将内容与喜好进行匹配分发。中国领先的短视频平台抖音、快手所采用的推荐算法就是基于AI深度学习这一技术突破。推荐算法解决了海量碎片化视频的分发难题，力图在信息传播容量和速度指数级提升的新时代，实现内容生产与消费的有效匹配，这是人工方式无法比拟的生产力的变革。用户上传的UGC短视频数量庞大而分散，2016年快手平台每日发布量约300多万条，随着平台的日益壮大，2022年日均发布量已达到3000万条，如此庞大的内容量显然是传统的即倚重人工编辑、审核的媒体型分发无法解决的难题。

在美国，早在 2011 年谷歌公司开始在 YouTube 上采用 AI 推荐算法优化推荐视频，最初是以名为 Sibyl 的新型机器学习系统进行视频推荐，收获了重大成果，当年网站访问量像是加装了火箭助推器般直线上升，越来越多的用户开始点击页面的“视频推荐”模块来选择视频，而不是通过网页搜索或链接来查找视频。随后谷歌继续更新迭代，优化推荐系统。2015 年谷歌大脑“Google Brain”在深度学习领域取得突破性进展，“Google Brain”替换了 Sibyl。2014—2017 年的三年间，用户在 YouTube 观看视频的总时间增长了 20 倍，其中通过“视频推荐”观看视频的时长占总时长的 70%。海外主要社交平台如 Facebook、Instagram 等于 2013 年前后也都开始尝试采用智能算法进行内容分发。2013 年马克·扎克伯格宣布对脸书的新闻发布做重大调整，他说：我们希望给每个人提供世界上最好的个性化信息。[①] 美国互联网巨头充分认识到采用机器学习推荐系统是保持竞争力的核心。

在同一时间向度的中国，综合资讯网站的信息选择、编排、分发一直采用人工方式，智能手机端的新闻 App 都是 PC 端的复制品，即使如日中天的微信、微博也似乎还没有意识到推荐技术的重要性，大佬们对这项技术仍然将信将疑。字节跳动“今日头条”的上线带来了彻底的改变。字节跳动公司创始人张一鸣很早就清晰地认识到必须“全力以赴”投入机器学习推荐算法的研发。公司早期的旗舰应用“今日头条”上线前夕，张一鸣在给技术团队的邮件中写道：“想做好信息平台，就必须做好人性化推荐引擎。你们准备好了吗？”[②] “今日头条”于 2012 年 8 月上线，一个月后推出个性化推荐系统，平台运营 90 天用户增长到 1000 万，此后张一鸣不惜重金持续不断从百度等技术高地挖人，杨震原、朱文佳等百度技术大牛相继加盟字节跳动，2016 年字节跳动推荐算法技术水平大大提升，2017 年头条日活达到 1.2 亿。字节跳动 AI 实验室总监李磊说：我们建立了全球最大的信息内容机器学习平台，这就是我们的秘密武器。[③]

今日头条率先引入推荐算法大获成功之后，推荐算法也很快成为中国移动互

---

①② 马修·布伦南：《字节跳动：从 0 到 1 的秘密》，刘勇军译，湖南文艺出版社，2021，第 69，75 页。

③ 马修·布伦南：《字节跳动：从 0 到 1 的秘密》，刘勇军译，湖南文艺出版社，2021，第 73 页。

联网信息分发的主流，被各大信息平台所效仿。算法分发，是基于大数据和人工智能技术，通过算法模型，进行信息与用户匹配的智能型的信息分发，是内容分发的自动化，是数据驱动的信息传播方式。作为先进技术，算法分发有效应对了移动互联网海量信息超载带来的分发危机；个性化算法推荐打破千人一面的大一统秩序，优化了生产和消费的资源配置效率。因此，算法分发被称为“面对新格局的资源配置新范式”①。快手是早期采用推荐算法的平台之一。转型短视频初期，快手用户规模始终原地徘徊、停滞不前。宿华加盟快手后于 2013 年年底引入智能算法，率先将推荐算法应用于短视频分发，效果立竿见影，短短几个月用户量上涨 10 倍，日活达到百万级，后来很快超过千万，推荐算法带动快手进入了用户增长的爆发期。推荐系统是字节跳动核心技术，无论是头条还是抖音，根基都在推荐技术。2017 年 9 月，张一鸣指派技术大咖朱文佳全权负责抖音技术，他带领团队升级了抖音算法推荐系统，效果令人震惊，10 月抖音日活用户便从原来的 700 万翻倍至 1400 万，年底再翻一倍多，达到了 3000 万，用户使用时间从 20 分钟上升到 40 分钟。抖音、快手之所以能快速跻身全民应用，究其原因，背后领先的算法技术无疑是其雄霸江湖的“核武器”。

综上所述，技术演进和创新是短视频诞生、兴起的底层支柱。随着 4G 通信技术的发展和网络技术的融合，在国家的大力推动下，中国进入移动互联网时代。当 4G 和智能手机快速普及，视频传输速度大大提高，流量资费全面下降时，短视频应用的屏障被彻底扫除。移动互联网技术、人工智能技术在短视频平台的应用，极大促进了短视频内容壮大及产业发展。从内容侧看，一方面技术赋予了人人都可以进行视频生产的便利，引发了供给侧源源不断的 UGC 内容产出；另一方面短视频推荐算法实现了生产和消费的资源配置效率。正是在这样的技术革命引领下，短视频流量日益高涨从而最终站上了浪潮之巅。

二、资本因素

马克思认为资本是资本主义社会一种支配性的权力。如果说资本的力量本质

---

① 喻国明、耿晓梦：《智能算法推荐：工具理性与价值适切——从技术逻辑的人文反思到价值适切的优化之道，《全球传媒学刊》2018 年第 4 期，第 12—23 页。

上代表了市场的力量，那么马克思关于资本作为一种支配性权利的论述，同样也适用于实行社会主义市场经济的中国。资本的本性是逐利的，而作为先进生产力的技术所具有的效率，是市场竞争力的重要利器，因此，资本和技术具有天然的亲和性。卡斯特《网络社会的崛起》明确指出，在新全球经济的金融市场中，在信息网络中获得了生命的资本，左右了我们现实经济的命运。在全球开放市场条件下，资本和技术日益交织在一起，深刻地影响社会进程和人们的日常生活。

自 1994 年中国接入互联网以来，每一个重要互联网应用的兴起，无论是门户网站、视频网站，还是社交媒体，其背后都是技术与资本合力推动的结果，BAT 互联网巨头的帝国版图就是在技术+资本的双轮驱动下构建的。当技术的新一轮风口转向短视频时，各路资本闻风而动，互联网巨头纷纷出手。2016—2018 年是短视频获得资本最为集中的三年。据 IT 桔子数据显示，从数量看，2014 年以前短视频融资项目总和只有 31 起，2015 年也仅为 41 起，但到了 2016 年资本投资数量跃升为 95 起，2017 年达到峰值 111 起 ，2018 年回落到 64 起；从资本金额量看，2016 年、2017 年均在 64 亿元左右，2018 年达到高峰接近 120 亿元，这三年中平均每年的资本数额为 83 亿元，然而，2014 年以前的资本总和却不足 9 亿元（见图 1-5）。

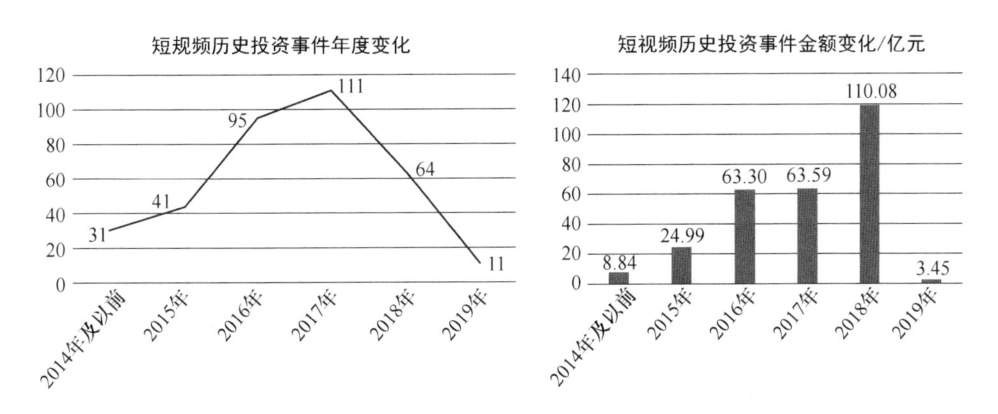

图 1-5 历年短视频投资项目年度数量和年度投资金额对比

数据来源：IT 桔子 桔子日期：2019 年 5 月 31 日。

同所有移动互联网时代含着先进技术金钥匙诞生的新物种一样，短视频的发展同样是基于资本驱动。随着 4G 移动通信和移动互联网技术的成熟，以快手、秒拍、美拍等为代表的早期短视频平台开始崭露头角，一方面业余 UGC 内容兴起，大大降低内容成本，另一方面短视频用户规模持续增加，出现短视频播放超过图文阅读的趋势。2016 年上半年今日头条的短视频播放量以每月 35%的速度爆炸式增长，且超过了图文内容。图文和短视频占比的此消彼长已成定势。互联网的商业帝国是建立在流量基础上的，敏感的资本开始追逐短视频这一价值洼地。短视频流量成本低但回报高，且商业变现上显示了向好的趋势，这些优势吸引着资本集中入场。资本瞄准了拥有核心技术的短视频算法平台。资本驱动模式的基本特征是以烧钱补贴的方式来获得用户和内容，这使快手等算法平台的用户规模和内容供给在很短的时间内获得了超速增长，2016 年随着资本的集中入场，短视频平台规模迅速扩张。已经获得垄断优势的互联网大佬们也被短视频的巨大红利所吸引，在抖音和快手占据短视频半壁江山的情况下，腾讯、百度、阿里等巨头毫不犹豫地加入资本豪赌，一方面参股投资，另一方面是投入巨资不惜余力扶植自己的短视频应用。快手作为早期市场的进入者和头部平台，早在 2013 年 4 月获得红杉资本中国、晨兴资本数百万美元 A 轮投资，之后 2015 年再次获得该两大资本数千万美元 B 轮投资，2016 年百度投资、光源资本接手了数千万美元 C 轮投资，2017 年腾讯大手笔给出了 3.5 亿美元 D 轮投资，将这只独角兽纳入其战略布局和资本版图。拥有秒拍、小咖秀、一直播的一下科技公司在几轮高额融资后，2016 年 11 月再获 5 亿美元的 E 轮投资。在中国移动互联网的流量红利期，领先的短视频平台不仅成功完成多轮融资，而且融资数额也十分巨大。

随着短视频平台竞争格局的逐渐明晰和相对稳定，资本集中度开始从平台方过渡到内容方。2017 年以来，短视频逐渐成为一种内容标配，除了独立短视频 App，其他各主要互联网应用，如娱乐、电商、生活、知识等平台，都上线了短视频功能，短视频流量全方位爆发。基于短视频在用户使用时间和流量上的占领趋势，以及即将带来生活方式深刻变革的预判，资本将目光投向了整个短视频产业链，除了平台方，内容方也得到资本青睐。易观《中国短视频行业年度盘点分析 2018》报告数据显示，2017 年资本投向短视频内容机构的数量占到六成多，而平台占比则不到四分之一。《2019 我国短视频领域年度报告：市场格局与投资观察》数据显示，2018 年短视频内容创作、垂直领域 IP 孵化相关短视频企业获得更多资金支持。①

但是，资本又是狡猾而谨慎的，由于内容变现的现实困难以及变现前景的不确定性，内容方获投的单笔融资数额通常较小，且以千万人民币不等的天使级、A 轮居多，如 2016 年天使轮的“PAPI 酱”，A 轮的“陈翔六点半”“二更”“日日煮”“何夫仙姑”，获投较大金额的是 2017 年“一条”，当年获得 C 轮 4000 万美元投资，这为方兴未艾的短视频 PGC 内容创业带来了希望。

随着短视频上半场厮杀的结束，短视频的内容价值逐渐体现。在上半场的竞争中，各大平台享受了互联网的人口红利，都以扩大用户规模为主要战略，核心是流量，手段是烧钱对用户和内容进行补贴，比如 2016 年 9 月，今日头条在“头条号创作者大会”上宣布投入 10 亿元补贴短视频创作者，此时张一鸣的短视频战车才刚刚启动。但是，在短视频用户爆发式增长之后，人口红利开始逐渐消退，而内容价值逐渐显现，因为好内容才能留住用户，内容是存量竞争的核心。优质内容成为短视频行业下半场竞争的关键所在。2018 年，互联网遭遇“资本寒冬”，但是，对短视频行业来说，资本依然是慷慨的。嗅觉灵敏的资本将橄榄枝伸向了 MCN 机构。中国 MCN 公司经过本土化实践，在内容组织、渠道运营、商业营销等方面体现了资源整合的能力和多元变现的潜力，于是头部 MCN 公司率先获得资本青睐，这一年网星梦工厂获得 3000 万 A 轮融资，二咖传媒完成 4000 万 A 轮融资，贝壳视频获得数千万人民币融资。根据 IT 桔子《2019 中国短视频行业发展报告》数据测算，2019 年 5 月 31 日前，内容的投资事件共计 317 起，占比超过五成（见图 1-6）。

资本为短视频崛起提供了真金白银和粮草弹药。短视频行业发展高度依赖资本，没有资本对短视频特别是短视频平台的持续输血，就没有短视频行业的诞

---

① 传媒：《2019 我国短视频领域年度报告：市场格局与投资观察》，2020 年 6 月 15 日，澎湃网：https：//www.thepaper.cn/newsDetail_forward_7845856。

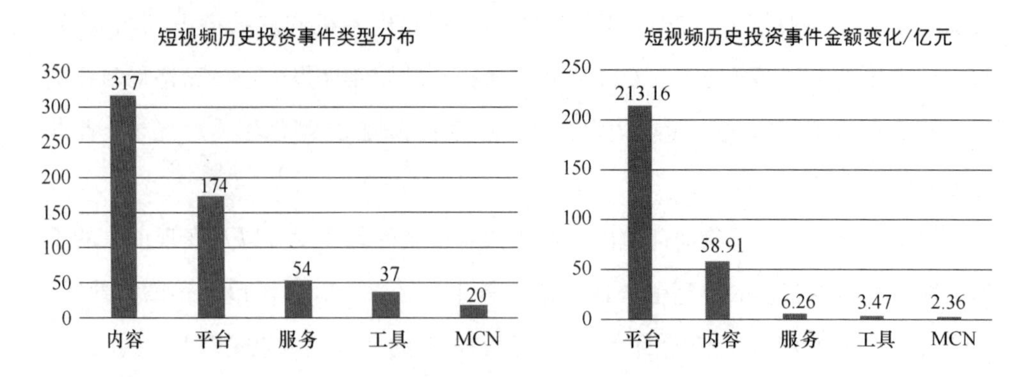

图 1-6 历年短视频投资项目类型年度数量和投资金额

数据来源：IT 桔子 桔子日期：2019 年 5 月 31 日。

生、发展和壮大。

三、规制因素

作为公权力，政府规制和治理对资本、技术具有制约作用。短视频监管入场是从平台牌照准入开始的。个人化、碎片化、海量的短视频 UGC 遍地丛生，如果从生产方入手进行监管无疑犹如大海捞针。因此，监管选择从平台切入，通过牌照准入来规范平台运营、约束内容乱象。2016 年 12 月《关于加强微博、微信等网络社交平台传播视听节目管理的通知》发布，不久，2017 年 3 月国家广播电视总局调整《互联网视听节目服务业务分类目录（试行)》，通过“信息网络传播视听节目许可证”制度对短视频平台和内容进行监管。从此，短视频野蛮生长、无证经营的时代结束了。对于内容乱象，2017 年 6 月总局下发《关于进一步加强网络视听节目创作播出管理的通知》，强调网络视听节目必须弘扬社会主义核心价值观，坚守文明健康的审美底线，必须坚持与广播电视节目“同一标准、同一尺度”，明确了短视频内容的审查原则。为了遏制短视频爆发式增长下的乱象和失范，2018 年开始加大问题查处力度，政府多部门联合，从约谈、罚款到封号、下架，打出重磅组合拳，在内容导向、版权侵权、虚假广告等各层面展开全面干预和治理。总局下发特急文件，禁止非法抓取、剪拼改编，责令对有违社会道德、公序良俗的“有毒”内容和虚假广告进行全面整改。“擒贼先擒王”，今日头条与快手两大平台均被责令整改，下线问题内容，永久关闭“内涵段子”App和公众号，之后几十家大大小小的平台被约谈并处置。针对版权问题，展开“剑网”专项行动，下架、删除了涉嫌侵权盗版的短视频。2019年中国网络视听节目服务协会发布了《网络短视频内容审核标准细则》，对禁止发布的各类内容做出了具体规定。此后约谈、处罚常态化管理，快手、火山小视频、秒拍、波波视频、快视频都遭到过严厉的下架处罚。在严管态势下，各大平台和内容方、MCN机构纷纷建立内部审核机制，开始自我约束。

在新冠肺炎疫情的社会背景下，短视频直播电商井喷式爆发。直播带货在狂飙突进中泥沙俱下、泡沫翻涌，“翻车”事故频发。有些明星直播间刷单注水，部分平台头部主播虚假宣传、售卖假货，带货“四假”，即假数、假货、假价、假象等问题频现。刷单造假、观看数据造假、成交量造假等毒瘤痼疾，已成行业潜规则；虚假宣传，以次充好，出售假货，直接损害消费者权益；设置价格陷阱，抬高价格，打着全网最低的旗号却以高价售卖，收割韭菜，欺骗粉丝……这些网红、达人、明星、大V带货中的问题频频出现在各大平台。针对市场乱象，一系列监管新规相继发布。中国广告协会发布《网络直播营销行为规范》，国家市场监管总局和国家广播电视总局先后发文，从不正当竞争、直播资质、主播实名制、平台主体责任制等方面对直播乱象进行限制。行业主管部门、执法部门的监管，促进了内容电商的规范发展。

随着短视频快速扩张，长视频平台巨头和短视频平台独角兽之间的版权争夺日益加剧。短视频侵权成为焦点。2021年中宣部版权管理局和国家电影局相继发声，加大对短视频领域侵权行为的打击力度。国家网信办《互联网用户公众账号信息服务管理规定》明确了短视频平台在影视切条侵权情况中的管理责任。随后，国家广播电视总局再次修订了《网络短视频内容审核标准细则（2021）》，对二创做了明确的规定：未经授权不得自行剪切、改编电影、电视剧、网络影视剧等各类视听节目及片段。这些管理规定推进短视频行业版权保护和创作的规范化。

如果说2017年短视频监管入场、从平台牌照准入入手进行行业规范开启了短视频治理的 1.0 阶段，那么，2021 年以后短视频治理进入 2.0 阶段。随着短视频行业的高速发展，短视频治理体系逐渐走向成熟。

第一，短视频治理从行业规制进入到国家法律体系。2021 年，《民法典》《未成年人保护法》《著作权法》《个人信息保护法》《数据安全法》等多部法律正式实施，在有关短视频的条款中，国家从版权保护、未成年人网络保护、数据治理、平台治理、内容管理等不同方面进行了立法，短视频法治体系建设得到健全和提升。

第二，监管范围更加立体、全面。2021 年以前短视频监管重点围绕内容、版权以及广告经营等层面展开。2021 年中宣部、国家网信办、国家广播电视总局、工信部、发改委、市场监管总局等多部委出台了 30 多个涉短视频监管的规范性文件，涵盖内容、平台、从业人员、用户数据、版权、算法、账号、广告、税收、语言文字等短视频产业、行业的各个层面，治理范围扩容是短视频作为全民应用的必然要求。

第三，短视频管理的主流化、精细化。2017 年“同一标准、同一尺度”的内容审核原则，有了实质性落地。2021 年《关于网络影视剧中微短剧内容审核有关问题的通知》明确将微短剧视同网络影视剧，由国家广播电视总局对其实施备案、审核等分类管理。同年全国开展文娱行业综合治理，短视频被列入重点行业。继中宣部《关于开展文娱领域综合治理工作的通知》后，总局印发《关于进一步加强文艺节目及其人员管理的通知》，其中对短视频内容的选题取材、角色选取、表达方式提出了基本要求。同时，按照《关于进一步加强“饭圈”乱象治理的通知》《关于进一步加强娱乐明星网上信息规范相关工作的通知》《关于进一步严格管理切实防止未成年人沉迷网络游戏的通知》《加强文娱领域从业人员税收管理的通知》等文件要求，对于短视频平台偷逃税、劣迹艺人、网络游戏、“饭圈”等进行管理。《网络短视频内容审核标准细则（2021）》，针对内容失范、创作侵权提出 100 条更为精细化、可操作的要求，为平台内容审核提供了更为具体和明确的操作指南。

第四，全面强化了平台规制。《关于进一步压实网站平台信息内容管理主体责任的意见》明确，平台是内容管理的第一责任人，对于平台在完善内容管理规则、健全内容审核机制、严防违法及不良信息传播、确保信息内容安全等的职责提出了具体工作要求。除了内容管理主体责任，《关于加强互联网信息服务算法综合治理的指导意见》，提出了对平台算法进行规制；《常见类型移动互联网应用程序必要个人信息范围规定》明确指出，短视频平台不得收集个人信息。对平台在算法、用户信息等进行的规制，一定程度回应了社会关切。

从产业长远发展看，短视频的内容导向问题、侵权问题、虚假广告、带货欺骗等制约着行业的良性发展。短视频平台为了流量和收入，一定程度上纵容了低俗内容和虚假广告，同时也漠视版权，对于未经授权的侵权内容不加限制，任其传播，这些对网络传播秩序都造成了负面影响。此时国家进行从上而下的全面监管和整顿，比如应用下架，短期看一定程度上抑制了短视频用户增长，但是从长期看，则有利于行业的健康发展。随着用户规模持续增长和用户黏性显著增加，短视频市场价值日益增大，清朗内容、治理版权、整顿广告和直播带货，使得原本杂草丛生的内容生态和商业环境得以不断向好，逐步走向规范有序，国家的监管治理有力地促进了行业的良性竞争。监管规范是短视频崛起的重要保证。

四、平台驱动

如果说技术、资本、国家规制是短视频产业发展的外部因素，那么互联网科技公司所开发、运营的短视频平台则是产业发展的内部核心动力。短视频应用的普及、短视频产业的形成以及高速发展是以平台为内部驱动，并与外部因素互动的结果。

短视频算法平台是驱动短视频内容生产和商业规模增长的核心因素。一方面，针对产业链上游的内容供给，在短视频的粗放扩张期，平台集中扶植“流量内容”，志在快速抢夺用户，从而在跑马圈地中取胜，当平台格局趋稳后，平台则选择优质内容进行扶植，积极建设内容生态，意在保持用户黏性从而扩大优势加固护城河，以达到谋求头部垄断的目的。另一方面，在短视频商业化过程中平台扮演了主导者角色。为了获得可持续发展，平台在资本输血的同时在竭尽努力地寻找商业模式，依托推荐算法技术，逐步构建、完善了智能广告营销系统、内容电商系统，将厂商、内容方及 MCN 机构等产业各方紧密连接起来，实现资源对接和整合，促进短视频商业化进程。

第一，平台对内容生产的驱动。

短视频平台的内容扶植在不同阶段重点、方向有所不同。在短视频兴起早期，UGC 主导的平台需要足够的内容及更新来获取用户，在上线初期，为了解决内容供给，就需要一批符合平台定位的种子用户为平台生产内容。2016 年 9 月，字节跳动公司上线了一款音乐短视频应用 A. me，这是字节公司视频战略组成的重要一环。由于字节跳动入局短视频时间相对较晚，于是采取了“三管齐下”战略，同时上线三个产品，分别对标模仿当时最流行的三个视频平台：A. me 对标模仿曾在海外火爆一时的 15 秒音乐短视频应用 Musical. ly；西瓜视频模仿“油管”；火山小视频模仿快手，此举显示出字节公司对短视频赛道志在必得的决心。经过短暂运营，2016 年 12 月 A. me 更名“抖音”，将抖音清晰定位为：一款面向都市时尚青年的音乐短视频，同时发布了全新品牌 LOGO。此时抖音面临的首要问题是缺乏高水准的年轻内容生产者，于是，抖音团队深入全国各地的艺术院校，寻找青春靓丽、才艺俱佳的大学生，说服数百名具有网红潜力的学生入驻平台，并承诺帮助他们在抖音走红。同时，公司在国内社交平台上寻人，从竞争对手的平台上“挖人”，也在 Musical. ly 上寻找挖掘海外华人创作者，一个一个地发签约邀请。为了加快进程，公司学习 YouTube 平台的 MCN 模式，寻求与各 MCN 机构合作。早期这批种子用户的入驻帮助抖音平台奠定了原创音乐内容库的基础，并为其确立了炫酷时尚的风格基调。

说到抖音的内容建设，就不得不提“挑战赛”。挑战赛就是制作发布一个简单易模仿、可复制的模板化视频，鼓励用户参与、制作他们自己的版本，比如几个简单的舞蹈动作，一段搞笑的段子等。“挑战赛”是平台推动内容创作的重要手段，这些模仿视频不仅是要吸引用户围观，更重要的是培养看视频的用户为平台生产内容，成为内容生产者。而且，由平台负责组织、发布挑战赛，非常有利于平台对内容方向的把握，这是“挑战赛”又一个重要功能。在 Musical. ly 早期的社区内容建设中，最有效的方法便是定期推广“挑战”。公司创始人朱骏说：“Musical. ly 和 Vine 之间的关键区别在于，我们降低了创作门槛，所有看视频的人同时也是创作者。”[①] 他认为降低创作门槛对于 Musical. ly 的成功至关重要。对口型应用 Dubsmash 是 Musical. ly 的一个重要里程碑，内容创作门槛的降维，让人人都能成为表演者，凭借对口型挑战赛，Musical. ly 在北美大受欢迎并风靡全球。借鉴前辈 Musical. ly 的成功经验，抖音在平台兴起初期，通过视频挑战极大地推动了内容创作。Musical. ly 平台上，2015 年 7 月“不要评判我”挑战让 Musical. ly 在美国应用商店的排名飙升到第一；同样，抖音平台上，2018 年 2 月，火爆的变装挑战“karma is a bitch”也让抖音一夜之间火出了圈。

在短视频发展早期，用户增长是核心，但是没有内容就没有用户，在短视频平台百团大战断杀中，各平台都迫切需要各类视频内容，此时内容完全不具备变现能力，因此，能立即吸引内容生产者的最佳方式之一就是提供资金补贴，于是短视频平台都用真金白银对内容给与扶植，扶植的重点是能够快速获得眼球的、以流量为靶向的流量内容，采用的方式是流量分成、平台补贴。流量分成是指平台根据该视频播放量等流量表现给与相应的提成，创作者可在规定时间提现，播放量越高分成越高。平台补贴，是平台为吸引用户，对提供相应内容类型的创作者给与的导向性的现金补贴。平台内容建设经历了追流量到重生态的过程，在不同阶段，平台都会根据自身重点内容建设需要投入补贴资金，比如，对于头部账号的补贴，对知识类账号的补贴，对“三农”账号的补贴，对媒体类账号的补贴，等等。当年网上广为流传的针对内容创业者的“短视频变现攻略”，第一条便是通过点击率（流量分成）和平台补贴进行变现。2016 年，头条、秒拍高举高打，对内容进行流量分成和现金补贴。头条推出“千人万元计划”，至少保证 1000 个头部号创作者单月至少获得 1 万元的保底收入。这一时期平台间的补贴战此起彼伏。2017 年在抖音成立一周年推广活动现场，张一鸣宣布在未来 12 个月里向视频短片创作者提供至少 10 亿元人民币的补贴。当短视频技术、渠道已定

① 马修·布伦南：《字节跳动：从 0 到 1 的秘密》，刘勇军译，湖南文艺出版社，2021，第 110 页。

时，内容价值便开始浮现。随着互联网巨头入局短视频平台，行业对优质内容的需求缺口也不断增大，对优质内容的争夺和补贴竞相升级。除了头部内容，短视频平台的各种扶植、补贴也指向腰部的垂直内容 PGC 团队，旨在推动优质 PGC 内容产出和流量的增加。比如，阿里文娱推出 20 亿“大鱼计划”，每月奖励 2000 名垂直品类的优秀内容创作者，最高每个月奖励 1 万元。这一时期因短视频内容生态、商业模式尚未形成，内容难以取得相应的商业价值，故平台的资金扶持对于处于创业期内容方的生存，特别是优质 PGC 内容方以及垂类内容的发展起到积极作用。除了资金和流量补贴，各平台还提供其他各种资源扶植，比如开展针对内容生产的专业培训，针对内容运营的数据服务等，促进短视频内容生产的升级。

随着短视频应用的快速扩张，平台认识到，高效获得优质内容的途径莫过于通过 MCN，于是，2017 年开始各大内容平台纷纷推出针对本土 MCN 的合作和扶持计划，平台从直接面对海量零散的 UGC 内容生产者转变为与 MCN 机构合作，从产品、资源和商业化等方面，持续加大对 MCN 机构的扶持，于是各类 MCN 机构如雨后春笋般涌现，到 2018 年 MCN 机构已经同比 2017 年翻番达到 3300 家左右。进入存量时代，平台在内容生态建设基本完成后，需要以专业的优质内容提升用户留存，于是平台加大与传统广电机构合作，规模化引进媒体号，建设媒体 MCN，这一时期是平台和广电媒体的一段短暂蜜月期。平台主导下，大量专业机构、MCN 公司的进入，改变了短视频 UGC 内容格局，带动了短视频内容粗放同质生产走向规模化的“精耕细作”。

当短视频进入存量竞争时，成本投入小、用户留存高的微短剧成为头部平台热捧的内容赛道。如果说最初短剧缘起于平台的无心插柳，那么 2021 年始，“抖快”等平台对微短剧则是在用心栽花、着力栽培。

2019 年，“快手小剧场”上线标志着竖屏微短剧成为一个独立的内容品类和内容赛道。2020 年，获得官方认可的短剧产量已初具规模，但整体而言，这一时期仍是 UGC 主导，短剧内容粗俗良莠不齐，质量粗糙，同质化严重。自 2021 年始，平台以精品战略为导向，加大短剧扶植力度，如快手“星芒计划”（后升级为“星芒短剧”），抖音“新番计划”，微视“火星计划”，从内容题材、创作生产、商业合作三方面为短剧创作者、机构提供全方位的扶植。快手平台《这个男主有点儿冷》，抖音平台《做梦吧，晶晶》等在其间火爆出圈。此番平台扶植的用意，不只是单一唯流量的砸钱投入，更重要的是建设微短剧生产的产业链，改造生产方式，逐渐实现内容生产由 UGC 转向专业化生产，实现从量到质的提升，以此加速了微短剧内容赛道的繁荣。平台一方面通过收购、合作获得上游版权，打造微短剧 IP 内容库，如快手与米读小说、中文在线等合作，抖音牵手同系的番茄小说，构建微短剧 IP 内容库，从前端解决版权、内容源问题，推动微短剧向网络内容 IP 的影视化方向发展。另一方面，积极吸引各类专业影视机构、MCN 公司和明星艺人加盟微短剧创作，以专业制作力量提高平台微短剧制作水平。比如抖音，在开放网文 IP 授权同时，与真乐道文化、华谊创星、五元文化、唐人影视等头部机构合作，吸引明星加盟，金靖、陈赫主演的《做梦吧！晶晶》，明星+喜剧的路线提升微短剧的专业品质感。2022 年，为进一步推动专业化的内容生产，快手发起的“短剧 MCN 影响力大赛”吸引了古麦嘉禾、星拓、麦芽等十多家头部 MCN 机构，产生了《我在娱乐圈当团宠》《这个女主不好惹》等多个爆款短剧。快手财报显示，2022 年快手全年播放量破亿的短剧超 100 个，短剧日活用户超过 2.6 亿，创历史新高。截至 2023 年 12 月，快手“星芒短剧”4 年间的上线总量达到近千部，播放量过亿的短剧 326 部。

抖快平台微短剧的质、量齐升，离不开真金白银的投入，平台采用分账、合作定制等方式加大对优质短视频生产的激励。如快手平台上，每获得千次有效播放，创作者可获得 15 元到 20 元不等的现金分账。之后平台不断升级微短剧分账规则，整体提升了创作者的分账额度。此外，平台也在广告、品牌冠名以及直播带货等方向持续努力，寻找短剧变现的各种可能。

微短剧并非新物种，早在中国短视频兴起之初，快手平台上有情节故事、扮演式的 UGC 段子、小品就是吸引草根老铁娱乐消遣的高流量内容。但是，草根短剧内容低俗更无品质，正是 2020 年以降短视频平台对于微短剧内容生态的建设才使这一内容品类迎来了量质齐升的 2.0 阶段。2023 年短剧在“抖快”领头羊的带动下破圈走向全网，从内容演变为产业，成为娱乐产业的一股新势能。

第二，平台是短视频商业化的核心驱动力。

和其他新兴媒体一样，短视频的发展是技术、资本合力下的产物，短视频的生存和发展高度依赖资本的输血，但是，也和其他获得发展的新兴媒体一样，短视频必须具备自我造血机制，只有具备商业化能力，才能获得可持续发展。在短视频产业发展中，平台是商业化的发动机，是商业帝国的缔造者。

当用户增长和内容生态建设达到一定目标，头部平台便放开手脚着力于商业系统的整体建设，通过搭建规模化、集中化、专业化的系统，加速短视频商业化进程。2018 年短视频晋级全民应用，也是这一年，头部平台开始快马加鞭建设智能广告营销体系和构建开放电商系统。

平台先从搭建多元广告营销系统入手。以美拍“M 计划”、抖音“星图、云图”、快手“快接单”等为代表，三家推出各自开放的广告营销平台，整合营销资源，为广告主、内容方提供资源对接、交易管理、数据监测和评估等服务。快手营销系统分为快手广告和开放广告两个部分，前者用于信息流等平台硬广，后者用于内容营销，为广告主对接内容方服务，其中“快接单”模块，针对头部内容方，“快享计划”针对中小内容方。广告主作为发单方，可自主设置发布信息、价格等，内容方作为接单人，可选择适合的推广任务和条件，并与发单人建立交易合同，在开放的平台上双方都有自主选择权。“星图”“云图”是抖音平台的广告营销系统。星图是官方网红数据管理平台，是 KOL/达人和广告的桥梁，抖音通过星图从品牌支付给网红的所有费用中获取抽成。品牌方与抖音红人的合作必须通过星图，否则相关促销视频会在没有事先通知的情况下就被删除掉。“云图”负责广告主在平台的硬广投放。开放的智能广告营销平台促进了平台商业化和内容变现。以信息流广告为例，第三方 QM 数据显示，2018 年短视频信息流广告市场规模 214. 3 亿元，较 2017 年的 58. 7 亿增长率高达 265%，成果显著，远超中国移动互联网整体信息流广告的增长率。头部平台整合营销资源，搭建直投平台和中介服务两个类型的广告营销系统，统一管理全平台的营销活动，规则、流程清晰，促进了广告营销的规范化和专业化，提高了投放效率。

除了广告营销，企业账号营销、定制互动营销是平台多元营销体系的重要组成。随着短视频商业价值的显现，平台积极鼓励企业入驻，开通品牌官方账号（如快手商业号，抖音蓝 V 认证企业号）传播品牌和营销产品，以定制互动内容，助力企业营销。平台商业化部门通过发起挑战赛、话题等互动活动，采用奖励措施，激发用户广泛参与，以形成大量 UGC 视频，经由病毒式传播突破圈层界限，实现企业营销诉求。如苏宁冰洗类产品抖音挑战赛，由抖音发起#活出你的冰双力#挑战赛，联合多位网红/KOL 发布原创视频，随后引发 10 万用户参与 UGC 传播，从而带动了线下门店销售。在平台流量扶植下，企业定制挑战赛频频进入抖音热搜榜。平台扶植企业账号，开发定制活动，利用明星+UGC 方式进行病毒式营销，促进了短视频商业化进程。

除了建设广告营销系统，从 2018 年起平台逐步探索内容电商系统的构建。起初，头部平台“有限开放”试水电商功能，快手上线“我的小店”，添加商品链接可与淘宝、有赞全面打通；抖音面向部分达人推出橱窗功能，支持外链到天猫。2019 年，坐拥几亿日活的短视频平台已经不再满足于为传统电商导流、赚取导流中介费的现状，开始发力自有内容电商的建设。一方面，为了补齐短板，平台从供应链上游源头进行产业带布局，在源头建立直播基地，并围绕品类选择、质量把控、第三方服务等环节，建设供应链上游。另一方面，强化直播带货业务。2019 年，快手开放直播公会入驻，成为当年国内最大的直播平台，直播 DAU 破 1 亿，被称为电商“第三级”。字节跳动公司紧追其后，采取一系列措施加快了追赶快手电商的步伐，如搭建“直播大中台”，加大直播业务的技术支撑，同时引进 1000 家公会，推出“直播黑马计划”，又将直播业务最成熟的火山小视频并入抖音，为抖音直播带货开路。2019 年，短视频内容电商从边缘走向 C 位并形成燎原之势。内容电商系统建设使得短视频全面商业化获得了强有力的新支点。

在新冠肺炎疫情及后疫情数字经济的环境下，2020 年起中国短视频直播电商出现井喷，快速变现的商业动力促使平台强化电商业务，内容电商从小分队打法迈向集团军作战，电商成为短视频商业化的新引擎。2021 年在抖音“兴趣电商”、快手“信任电商”引领下，短视频平台高举高打扶植品牌，拓展品类，全面建设并完善平台电商系统，补短板、建生态，直播电商迎来爆发式增长。

抖音以构建“闭环电商”为目标建设电商生态系统。2020年字节跳动成立以“电商”命名的一级业务部门，整合了公司旗下所有平台的电商业务，全力发展抖音电商。公司给予10亿直播流量扶持，促进各品牌方、线下商家入驻“抖音小店”，同时从淘宝、京东挖人，搭建供应链和品控团队。不久便正式宣布所有直播商品不再外链淘宝、京东的店铺，从此掐断抖音直播为其他电商平台的导流，“抖音营销、淘宝成交”成为历史。继“去第三方平台化”之后，抖音在支付、物流、供应链等全面发力，试图完成上下游环节的全链条布局。2021年年初自建支付系统完成，上线抖音支付，随后推出电商直播买量系统“巨量千川”；物流方面，字节跳动先后投资了跨境物流企业、仓储物流企业，物流机器人企业等多家物流科技公司，还连续成立两家物流服务公司，陆续接入了中通、圆通、韵达等主要快递物流；在供应链方面，抖音持续加码品牌商建设，鼓励品牌店播，开启了品牌号“百大增长计划”，从培训、服务商体系和专项扶持等多方面提供运营支持，推出商家在抖音电商的四大经营阵地，即FACT矩阵：F（Field）商家自播；A（Alliance）达人矩阵；C（Campaign）营销活动；T（Top-KOL）头部大V。品牌商可以基于不同阶段需求，灵活分配资源与营销投入，获得GMV持续增长。2022年，抖音将兴趣电商升级到“全域电商”，上线抖音商城，从“货找人”的直播电商扩展到“人找货”货架电商。

快手在电商生态构建上，深化自有供应链建设，从源头好货到品质好货，实现货源升级；推出各种优惠扶植商家入驻；推出为主播、商家提供中介服务的分销、分账工具——“好物联盟”，自建商品分销库，帮助无货型达人、素人主播降低开播门槛，主播添加“好物联盟”商品，完成订单后可按比例获得返佣，同时联盟也助力商家找到合适的主播。为了加速引入品牌商家，快手将“好物联盟”升级为“快分销”。快分销成为快手分销体系供应链基石，系统主打货品分层，以精准匹配实现精细化运营，目的是调整平台的供给结构，扶植品牌厂商，淘汰劣质商家。同时通过鼓励品牌自播，旨在打造电商优质供应链。

综上所述，平台是短视频产业崛起的发动机。一方面，对上游的内容，基于平台不同时期的需要，通过流量、现金以及其他服务等方式进行扶植，以组织和引导内容生产，促进短视频内容生态建设；另一方面，在短视频商业化进程中，为实现了商业变现，全力建设和完善广告营销系统和内容电商系统，在平台活力同时积极推动广告商、企业厂商与内容方的资源整合，客观上为短视频产业的参与者提供变现路径，带动短视频商业规模持续增长。正是由于平台一手抓内容、一手抓商业的双管齐下，短视频产业得以迅速全面崛起。

本章小结

本章先从用户、平台、商业、内容等维度描述了短视频应用发端、产业崛起两个阶段所呈现的样貌和特点，之后从技术、资本、规制，以及平台驱动等外部、内部因素阐释了发展的动因，从而廓清了中国短视频发展的脉络和面貌。

2013年以来，中国短视频经历了两个发展阶段，2016年之前是发端期，之后为崛起期。在发端期，快手、微视、秒拍、美拍等早期进场的平台获得用户的初步认可，源起民间的业余UGC内容肆意生长，而短视频商业化尚未萌芽。2016年短视频全面崛起。用户规模和黏性持续逆势增长，2018年跃升为全民应用，2022年突破十亿大关，短视频应用成为中国移动互联网名副其实的流量高地和时间黑洞。随着互联网巨头纷纷入场，平台数量、规模持续扩张，群雄争斗中，经历了从百团大战到寡头制下的动态平衡。从内容看，短视频数量由井喷式爆发到日益趋于平稳，质量逐渐向好，MCN快速扩张，UGC模式向专业化内容生产转向，在娱乐主导下走向类型的多元细分，短视频日益直播态、电商化，在新冠疫情和数字经济助推下，全面电商化使内容场演变为大卖场，获得了全民流量的短视频边界不断突破，成为图文、直播、短中长视频汇聚的综合平台。在跨越用户增长和内容生态建设两个阶段后，短视频进入商业化加速通道，广告营销高歌猛进，内容电商狂飙突进，双轮驱动下短视频商业规模持续扩大，不断抢占挤压其他网络媒体平台和传统电商的市场份额。经过10年的倍速成长，短视频无所不在，已然深深嵌入了人们的日常生活，占据和支配人们的日常时间，影响和控制着人们的日常消费。

短视频的兴起和发展是内部、外部因素共同作用的结果。技术、资本、规制等多种因素的互动是短视频发展的外部动因，其中技术演进是短视频诞生、兴起的最底层支柱。短视频是在技术+资本的驱动下起航的，没有资本的持续输血，就没有短视频行业的兴起、壮大。国家的监管和规制是短视频产业蓬勃壮大的重要保证。就内部因素而言，平台是驱动短视频内容生产和商业增长的核心引擎。在内容向，平台采用流量补贴、现金补贴、定制等方式，间接、直接引导、组织内容生产。在商业向，平台通过广告营销和内容电商等基础系统的建设，主导短视频商业化的全面扩张。平台是短视频产业全面崛起的引擎。

第二章　中国短视频内容生产的演变

在中国短视频发展的历史语境中，本章聚焦主导短视频流量的内容，分析内容生产模式的演变，并在媒介经济学理论框架下，讨论短视频内容生产模式演变的本质。

中国短视频内容生产经历了从UGC到PGC化的演进过程，MCN是推动业余UGC向专业化内容生产转变的重要因素。短视频内容是短视频产业的重要链条，短视频内容生产方式演变的动因是商业化驱动，从业余UGC向PGC化的转变表面上是内容生产方式的改变，然而本质是内容的商业化转向。

第一节　短视频内容生产演变轨迹

2013年以来，中国短视频内容生产模式经历了UGC-PGC-MCN的变化轨迹。需要说明的是，“UGC-PGC-MCN”只是一个表述上方便和整体趋势的凝练，实际发展中并非完全是一个严格的线性递进。现实中，确实有很多头部内容经历了从UGC到PGC，再到MCN的一个完整演进路径，如papi酱，从一个戏剧学院的学生上传UGC视频开始，到注册传媒公司以PGC模式生产内容，再到组建MCN机构“Papitube”，签约、孵化潜力账号，以MCN组织内容生产和账号运营。但是，在短视频内容行业发展中，也大量存在着UGC账号直接被MCN机构签约，在MCN组织下生产PUGC内容的状况，比如起初为UGC内容的大学生“代古拉”，被头部MCN洋葱视频签约后，成为其网红矩阵中的“代古拉K”。

关于中国短视频内容生产演变轨迹，如果换一种表达可能更为严谨：中国短视频内容生产经历了从UGC向PGC化的演进过程，MCN是推动业余UGC向专业化内容生产转变重要因素。以下将从这两个方面进行分析。

一、从UGC向PGC化演进

中国短视频内容生产经历了从自发、随机、个人兴趣主导的UGC模式向PGC化转变。本书的PGC化，并不仅仅是指专业机构（如电视台、影视制作公司）生产的内容。为了表述方便，本书借用了PGC这个为人们熟悉、认可且普遍使用的名称。本书的PGC化是指组织内容生产的机制，指以专业化、机构化的生产机制进行的规模化生产，即包括专业机构自己制作的PGC内容，也包括机构签约UGC达人后的达人账号生产的PUGC内容。

短视频起源于业余UGC上传，主要用于个体表达和私人社交分享。UGC（user-generated content），指用户生产内容，是相对于PGC而言的，UGC和PGC是一对互为参照的概念。PGC（professionally-generated content）指专业内容生产，或专业机构生产内容，如电视台制作的节目，影视公司生产的视频等。UGC 是在 Web2.0 技术下兴起的，非专业的用户将自己拍摄、制作的内容通过互联网平台进行展示、分享和传播，是“技术赋权”下用户使用互联网的新方式。

21 世纪以来，Web2.0 技术使网络由一个自上而下的信息传输渠道变成一个能够进行双向交互的工具，于是催生出了 Wikipedia 内容平台，以及以 Myspace、Facebook、YouTube、Twitter 为代表的社交媒体的诞生。在中国，博客是 Web2.0 技术下的第一个主流应用。当年，新浪、搜狐、网易等门户网站推出博客应用曾红极一时。随后，微博、微信等社交媒体强势崛起为主流应用。2006 年，美国《时代》杂志评选“You”（你）为年度人物，这一焦点现象可以看作主流社会对技术赋权普通用户的一曲历史赞歌。自此以后，信息传播发生了巨大变革，从过去传统大众传播主导的自上而下、集中控制的大教堂模式走向了数字新媒体主导的自下而上、开放分布式的大集市模式[①]，UGC 就是这一传播方式下的一个突出特征。这是一种与传统大众传播的内容生产以及 Web1.0 技术下网络传播中 PGC 生产完全不同的生产方式。总之，UGC 被视为互联网技术赋权的结果。

早期移动互联网上的短视频主要是业余用户使用手机拍摄和上传发布的碎片视频，是个人兴趣、个人表达、个人展示、个人分享等动机主导的非专业的碎片化内容，小散零碎，自发随机，制作粗糙，而且 UGC 土壤里杂草丛生，良莠不齐，为博眼球赚流量的猎奇、秀下限，低俗娱乐、恶趣味、脑残、毁三观的 UGC 视频泛滥，一次次挑战人们的认知底线和极限，甚至无底线到了违背法律、背离公序良俗的程度，尽管生活不是诗和远方，草根也拥有同等的表达权利，平台方更需要流量抢市场博生存，但是，任凭扭曲、变态、丑恶的价值观表达泛滥，整个行业乌烟瘴气，UGC 内容失序和失范成为短视频发展的痼疾。

对平台而言，每天上传的百万、千万条 UGC 视频，不仅造成管理风险高发和运营效率低下，更重要的是平台难以持续输出有品质的视频。当技术、渠道已

---

① 方兴东等：《大众传播的终结与数字传播的崛起——从大教堂到大集市的传播方式转变历程考察》，《现代传播》2020 年第 7 期，第 132—146 页。

定时，内容价值便开始浮现。随着互联网人口红利逐渐消退，用户争夺便从增量转向存量，而优质内容就成为获取用户、保持黏性的关键。随着众多新兴短视频平台入局，优质内容缺口也日益增大。从 2016 年开始，各平台纷纷对内容进行扶植，从最初的重流量内容转向培育 PGC 为主的内容生态。除了流量补贴外，平台积极推进对专业内容的各类扶植，比如在全国各地设立创作基地，招募创作团队培育专业内容。扶植重点指向腰部生产垂类内容的 PGC 团队，早期具有短视频创作风向标作用的“金秒奖”“金栗子奖”摒弃了单纯流量为标准的评价方式，鼓励细分领域的中小内容创作者，如旅游、美食、知识分享等垂类内容，评判标准涉及创意、制作、表现力、影响力等多个维度。2017 年，中国短视频头部账号的内容团队已基本完成了向专业机构的转型。

为了扩大 PGC 内容，短视频平台主动将橄榄枝伸向广电机构、网络媒体、平面媒体等各类媒体机构。2017 年 3 月今日头条率先引进媒体入驻，《2018 年抖音大数据报告》显示，截至 2018 年 12 月共有 1344 个官方媒体号入驻抖音，发布了 15.2 万个短视频。在抖音《2019 中国媒体抖音号年度发展报告》中，公布的新增媒体号为 1651 个。截至 2020 年年底入驻抖音的媒体号已近 6000 个。据媒体公开报道，“人民日报”官方抖音号于 2018 年 9 月开通，2019 年日均发布 5 条短视频，全年播放量破亿的视频共有 77 条，平均每条视频点赞数过百万。“新闻联播”官方抖音号于 2019 年 8 月正式入驻，开通仅 1 天便获得了超过 1300 万粉丝的关注。秉持“普惠价值观”的快手平台，以 UGC 社区定位崛起于草莽之间，在很长一段时间并非主动对 PGC 机构开放，直到 2019 年 6 月，快手的媒体账号只有 158 个。[①] 但是，到了 2019 年下半年，快手平台的用户规模被抖音反超且两者日活差距日益加大，同时，快手还面临市场增量空间减少和目标市场重叠加剧等多重压力，快手高层经过反复考量终于痛下决心发展 PGC，高调官宣吸引媒体机构入驻，并给予媒体号一系列的扶植政策。2019 年 12 月，在“快 UP · 向北方”融媒大会上，快手与黑龙江广播电视台、黑龙江日报报业集团宣布建立

---

① 余敬中：《产业化升级：媒体 MCN 必由之路》，《视听界》2020 年第 6 期，第 13 页。

战略合作关系，全省报纸、频道、栏目、记者、主持人、县级融媒中心集体入驻快手，形成黑龙江媒体短视频传播矩阵。

除了媒体号，算法平台也大力扶植政务号入驻，而大多数的政务号也是由专业内容机构或团队进行运维。CNNIC 第 45 次《中国互联网络发展状况统计报告》数据显示，截至 2019 年年底，我国各地开通的政务抖音号已达到 17380 个。媒体号、政务号进入短视频平台，壮大了 PGC 内容，大大改变了短视频的内容生态。

二、MCN：推动 UGC 向专业化内容生产转变

源于美国的 MCN 进入中国后，在实践中经历了快速本土化的改造。本土 MCN 机构（公司）从组织内容生产开始，按照工业化的生产方式组织视频生产，对生产的介入贯穿视频制作整个过程。MCN 推动了业余 UGC 向专业化内容生产转变，对壮大细分内容起到极大的促进作用。

2017 年中国 MCN 机构如雨后春笋般涌现。内容方、平台方、广告方的共同需求催生了 MCN 在中国的落地生根和快速扩张。从内容方看，UGC 出身的内容方在众多平台的包围下，难以完成包括内容创作、渠道分发、流量运营、商业变现等在内的各环节的工作，面对头部内容集团的流量收割，中尾部内容创作者生存艰难。从广告方看，没有质量保障的小散零碎内容与广告投放的规模化、品质化需求形成尖锐的对立。从平台方看，在激烈竞争中，平台需要优质内容的持续供给以获得用户和留存，同时吸引广告投放。当年美拍内容副总裁才华的观点很有代表性，他认为短视频带来了场景重构，带来了新的营销方式，而 MCN 正是新的产业生态中重要的一环。快手科技副总裁余敬中在公开演讲中指出，MCN 的主要优势，概括为内容生产、商业变现、官方对接、资金优势这四点，MCN 在内容的生产，网红的打造，商业化探索，以及体制机制方面有优势，直接和一些社交平台及互联网平台对接，再加上很多的 MCN 都是市场化的，背后有资金的力量做资本化的运作。素人成长为达人、达人成长为专业视频从业者已不是天方夜谭，而 MCN 就是利用专业性驱动生态价值，给平台输出头部内容，同时对

网红进行运营与管理，并且能够与平台方非常好地进行商业协同。①

总之，随着短视频产业的全面崛起，内容方需要变现模式维持生产，平台方需要高效获得源源不断的优质内容供给，广告和品牌商需要找到适配的营销载体。于是，在各方的共识下，具有组织内容和生产、对接平台和达人、链接商业资源等优势的中国本土 MCN 机构快速兴起。在平台的积极扶植下，头部 PGC 公司、广告公司、网红公会（经纪公司）、影视发行公司等纷纷组建 MCN 机构，开始跑马圈地。以 PGC 转型 MCN 为例，一些具有品牌影响力、持续生产能力的头部 PGC，如二更、青藤文化、快美妆等，积极签约、孵化具有潜力的原创内容生产者，在统一的品牌下对旗下账号进行全网运营。在各类 MCN 中，有针对细分人群聚合专业内容的垂类 MCN，例如，青藤文化主打青年人群，围绕生育、母婴亲子及生活提供知识科普内容；也有头部 IP 驱动的泛娱乐 MCN，以头部大号带动小号，例如，Papi 酱成立 Papitube 公司，2016 年 4 月 papi 酱和泰洋川禾创始人杨铭共同成立了短视频 MCN 机构 papitube，签约了泛娱乐类网红、UGC 达人，把自身的部分流量拆分给小号，以做大矩阵账号，2020 年，公司发展成为拥有 150 多位短视频达人，全网粉丝近 5 亿的头部 MCN 机构。MCN 机构的主要签约对象有两类，一类是已经具有一定影响力和粉丝量的网红和内容团队，另一类是具备成长潜力的 UGC 内容创作者或达人。2017 年 MCN 公司遍地开花，达到 1700 家。根据艾媒咨询的数据，2020 年中国 MCN 数量由 2015 年 160 家增长到 28000 家，5 年增长了 175 倍。MCN 由海外舶来，短短几年里便在中国生根并迅速壮大。

深度参与内容生产是中国本土 MCN 的共同特点。本土 MCN 公司从组织内容生产开始，对内容生产的介入从签约孵化开始，贯穿内容制作的全过程。

早在 2017 年，华映资本刘天杰指出，没有内容的 MCN，那是上一代的模式，MCN 最重视的就是内容能力和变现能力。头部 MCN 公司贝壳视频创始人刘飞认为，MCN 不同于广告公司、代理公司，MCN 的本质和核心就是内容能力。

---

① 华映资本中国：《在中国，搞不明白这 8 个生存之道，算什么 MCN?》，2017 年 10 月 30 日，搜狐网：https://www.sohu.com/a/201242852_355041? qq-pf-to=pcqq.group。

新片场短视频 CMO 马睿指出，MCN 机构本质上是为创作人提供服务，跟创作人一起产出内容。中国 MCN 公司对内容生产的参与始于初始阶段的签约孵化。通常 MCN 公司设置专门孵化机构对签约的内容创作者进行系统培训，如头部 MCN 洋葱视频设置的“洋葱星校”。以 UGC 网红孵化为例，培训一般包括技能培训、人物设定、运营规划、内容策划、评估及迭代等各个方面。技能培训，通常包括视频制作、文案写作、账号运营、形象造型等专业基础技能。人物定位是网红孵化的重要内容，它将学员人格个性中某个特点进行放大，然后贴上标签加以固化，例如，MCN 洋葱视频为学员“代古拉 K”设定的标签为“笑容最美的爱跳舞但跳不好的邻家小妹妹”。目标规划，即根据不同签约学员的具体情况设定粉丝目标和视频品质提升目标。之后，MCN 为学员量身定制圈粉内容，并且以一定周期为单位，根据数据反馈进行效果评估，不能达标的将被筛除淘汰，从而公司得以及时止损。洋葱视频、快美妆等 MCN 机构都有自己的一整套“方法论”，对学员进行批量化、专业化的培养，目的是将 UGC 打造成专业化的 PUGC。洋葱视频在孵化期间为每个学员配备至少两人的辅导员团队，共同完成视频制作及运营协调，出现问题时，由辅导委员会专家提供解决方案。根据艾瑞报告，2017 年签约 MCN 的网红人数超过三分之一，占比从 2016 年的 23.8%提高到 35.0%，2018 年签约的头部网红已经超过九成，占比 93.0%。由此，经过一个完整的模板式孵化，原先的业余兼职 UGC 视频成了被精心打造的戴着 UGC 面具的 PGC 产品。这一整套模式，通过筛选、定位、养成、流量放大、社群维护等，保证了签约红人像流水线上的娃娃一样被生产和消费。①

中国本土 MCN 机构按照工业化的生产方式组织旗下账号进行视频生产，这是 MCN 深度参与内容生产的又一重要特征。

从社会发展的历程来看，工业化的出现不仅极大地提高了生产力，增加了产品的供给，而且有效节约了成本，保证了产品的“基本标准”，避免了手工产生的不确定性及高成本、低效率。工业化不同于手工作坊，“用机器替代了人工、

---

① 于烜、黄楚新：《从本土 MCN 看中国移动短视频的商业化》，《传媒》2019 年第 21 期，第 55—58 页。

用分工替代了单干、用流程替代了随机、用批量替代了单一件，节约了时间和成本，提高了准确度和使用效率。"① 工业化的核心就是分工化、专业化、流程化、标准化、规模化。短视频工业化生产概括说就是在选题策划，脚本创作，拍摄，剪辑等各阶段实施专业化分工，标准化制作和流程化管理，最终实现大规模、高品质的视频供给。以选题为例，洋葱视频借助其海外版权合作，建立"脑洞云数据库"，运用全球创意素材为旗下各内容团队提供选题指导，从源头保证了生产的持续性。标准化制作有利于内容品质稳定，因此，MCN 机构在脚本创作及视频制作阶段，大都采用标准化生产模板或者进行程式设定，例如，文本要求"每 20 秒一个小梗，每 60 秒一个大梗"。此外，MCN 机构注重流程管理，从选题策划、脚本、拍摄、后期到上线后的数据分析及评估考核，形成一个完整的管理闭环。头部短视频公司二更曾在全国 20 多个城市建立地方站，与数百个 PGC 团队签约，形成全国性的 MCN，二更对签约的 PGC 团队进行统一的考核，根据团队的制作能力、作品质量等派发选题订单，定期根据成片质量进行筛选淘汰。在管理上，二更在内部培训、选题把控、成片淘汰等不同环节进行流程管理。总之，本土 MCN 机构按照工业化的生产方式组织视频生产，从而保证短视频规模产量和质量双双得以快速提高。②

在短视频发展进入"下半场"之时，单打独斗的 1 对 1 竞争模式已经结束，无论是对已经取得影响力的网红还是其他类型短视频生产者，加入 MCN "抱团取暖"是各自能否获得并保持竞争优势的必然选择。在各平台发布的基于流量的榜单上，早已看不到 UGC 账号的踪影，各类 MCN 机构占据绝对优势，稳居最具价值的头部，头部账号背后几乎都有成熟的 MCN 机构统一运作。快手科技副总裁余敬中坦言，放眼整个行业，各个平台的头部账号背后都和 MCN 有关，要么是 MCN 自己打造的，要么这些头部账号都被 MCN 签下了，背后有 MCN 的身影。

---

① 尹鸿：《从观念到实践：电影工业体系的理论辨析与建构路径》，2023 年 9 月 16 日，中国电影评论学会微信公众号。

② 于烜：《 2019 中国移动短视频发展报告》，载唐绪军、黄楚新等主编《 新媒体蓝皮书：中国新媒体发展报告（2020）》，社会科学文献出版社，2008，第 184—199 页。

李子柒，一个在短视频中展现田园牧歌式乡村生活、把日子过成诗的普通女子，从最初的单打独斗到全网爆火，后又成功出海被视为中国文化输出的典型案例，这一全网 TOP10 的大头部养成，可不是表面上人们看到的普通的 UGC，而是背后李子柒签约公司微念科技多年栽培和持续投入的结果。大量专业机构、MCN 公司进入短视频，改变了短视频 UGC 模式，带动了短视频内容生产向高品质、大规模、可持续方向发展。

本土 MCN 公司深度介入短视频内容，按照工业化的方式组织规模化生产，推动了业余 UGC 向专业化内容生产转变。同时，PGC 团队的全面进入不但带来短视频数量和质量的提升，更引领着内容走向多元细分，MCN 对壮大垂类 PGC 内容起到极大地促进作用。

短视频走向多元细分是短视频 PGC 化的重要表现。纵观中国移动短视频发展，细分内容经历了一个从无到有，再到丰富多元的过程，在 2012—2015 年中国短视频发端期，主要短视频平台上的 UGC 占绝对主导，内容类型严重趋同，都明显侧重美女、明星、搞笑、萌宠、猎奇等泛娱乐内容，同质化十分严重。2015 年 PGC 创业团队兴起，PGC 的进入开始带动内容朝多元化的类型方向发展，其中母婴、军事、美食等垂类头部账号率先获得资本青睐。2016 年以后中国短视频迅速崛起，在平台和资本的加持下，短视频 PGC 化生产急剧扩张，PGC 团队的蓬勃壮大不但带来短视频数量和质量的提升，更引领内容走向细分化。对内容创作者而言，一方面是低门槛泛娱乐内容饱和的红海，另一方面人口红利减少下增粉难度又在逐年增大，当面临双重困难时，与其在红海中苦苦挣扎，不如发力处于蓝海的垂直领域抢夺细分用户，尽早在细分赛道占领先机。于是，美食、美妆、生活服务等垂直类型开始发展起来，如“一条”“二更”专注生活方式，“财新视频”聚焦高端财经，“日日煮”主打美食。短视频从泛娱乐向垂直、分众发展的趋势开始显现。但是，细分的类型、深度、规模等远远不能满足用户多样化需求。

MCN 对壮大细分内容起到极大的促进作用。UGC 和小规模 PGC 内容生产难以实现用户和市场对于细分内容的需求。这是因为，相对于泛娱乐的内容，细分内容的用户基数小，而内容越细分，用户绝对数量越小。而且，中国短视频兴起后互联网各路诸侯纷纷入局，分发渠道众多，除了激烈竞争的各大独立短视频App，其他各类平台，如社交媒体类的微博，各大视频门户，直播平台，电商平台等，都将短视频作为其内容生态的重要组成，吸引短视频内容入驻，平台分散、细分用户分布也十分分散。细分用户数量小又分散，势必造成流量难以形成规模，为了实现内容变现，创业者就需要根据不同平台特点进行运营。然而，不同平台具有不同定位，功能和属性不同，采用的内容分发方式也不相同，比如算法平台和社交平台的内容分发逻辑迥然不同，即使是同属算法平台的抖音和快手，两家的推荐机制也有区别，这就致使跨平台、多平台的运营不仅成本高，而且难度也很大，不但业余 UGC 无法企及，而且单个 PGC 团队也面临难以应对的瓶颈。特别是对于海量中尾部的细分类 PGC，由于曝光度的局限，无法获得与其质量和成本相匹配的流量，从而导致资本和广告的获取非常困难，故大都生存艰难，严重影响细分内容的规模化发展。这时 MCN 的价值便得到了充分体现。一方面，在内容生产层面，MCN 作为 PGC、UGC 账号的“盟主”，通过有针对性地创作者挖掘，强化细分内容定位及批量工业化生产等，丰富、壮大了细分领域的内容生态，使细分内容规模不断扩大；另一方面，在商业化层面，通过自身在细分领域积累的营销、渠道、运营等专业资源，进行市场对接、拓展，起到了垂类赛道市场化加速的作用。

垂类 MCN 是细分内容的重要推动力量。如前所述，基于垂直内容 PGC 而转型成为 MCN 的公司是本土 MCN 发展的重要路径之一，这些团队依托一个或几个主力大号，通过签约孵化同一个领域的 PGC 或 UGC 达人，以 MCN 模式生产和运营，迅速实现数十、数百倍的扩张。对流量上处于劣势的 PGC 团队或 UGC 达人而言，由于不堪于成本及变现的困扰，纷纷选择投靠 MCN 以抱团取暖。以青藤文化为例，在两年的时间里，完成了从 PGC 公司向 MCN 机构的自跨越。2015 年青藤文化公司以优质母婴内容获得融资，但是单个公司的制作能力有限，长期高质量的大规模产出难以持续，同时随着同类内容创业者数量增多，自身用户量扩展也遭遇瓶颈，2017 年公司转型为 MCN，签约了微博平台母婴分类中前

50账号，构建母婴生活领域MCN矩阵，很快旗下账号便占据各大平台细分榜单的头部。成立于2015年的快美妆，立足美妆时尚领域，2016年转型MCN，签约网红达人数百名，凭借工业化的生产和运营、多元变现能力，培养了100多个原创的IP内容，处于国内美妆领域的第一梯队，占据多个平台美妆时尚榜的头部。①

从MCN业务扩张路径看，在穿透一个行业后，公司会将成功的经验复制到更多的细分市场，如青藤文化在保持母婴定位的基础上，2018年开始深入扩展到美妆、二次元等不同领域。生活方式类的MCN机构二更，为了获得更多的用户增量，推出包括时尚、音乐、综艺、财经、公益等近二十个类型的细分产品。MCN凭借在垂直领域的积累的优势资源，包括专业人才，内容制作，分发渠道，市场和广告等资源，稳定并扩大细分内容生产的规模，同时也逐渐掌控了细分内容的生产。

本土MCN深度介入短视频内容生产，按照工业化的生产方式组织视频生产，大规模地推动业余UGC向专业内容的转变。当泛娱乐内容市场饱和，而用户获取越来越困难时，MCN瞄准细分市场，聚合同类小散PGC形成垂类细分的内容矩阵，在壮大细分市场的同时，掌控细分内容生产。就这样，在本土MCN的推动下，中国短视频逐步从业余的UGC转向了专业化内容，短视频日益走向多元细分。

综上所述，从2013年以来，中国短视频内容生产经历从UGC向PGC的演进过程，在此进程中，MCN是推动业余UGC向专业化内容生产转变的重要因素。曾经居于主角的业余UGC视频全面退缩到流量的边缘，在大量专业机构、MCN公司引领下短视频内容生产由自发无序、小散零碎的“野蛮生长”走向规模化、工业化、细分化的专业化模式。

短视频内容生产从UGC向PGC化的演进，表面上是内容生产方式的改变，然而其本质体现了内容生产的商业化走向。下面一节将集中分析、揭示短视频内容生产方式转变背后的商业化动因。

---

① 于烜：《2019中国移动短视频发展报告》，载唐绪军、黄楚新等主编：《新媒体蓝皮书：中国新媒体发展报告（2020）》，社会科学文献出版社，2008，第184—199页。

第二节　短视频内容生产演变的商业化驱动

中国短视频作为4G时代杀手级的应用，在平台、技术、资本、监管的合力作用下，快速崛起，商业化全面扩张。短视频内容是产业的重要链条，短视频内容生产方式演变的动因是商业化驱动，从业余UGC向PGC化的转变表面上是内容生产方式的改变，然而本质是内容的商业化转向。

根据媒介经济学的理论，媒体收入来源于两次售卖，即首先以内容吸引受众，然后将受众的注意力出售给广告商，广告是传统媒体的商业机制和经济命脉。在互联网时代，网络新媒体并没有革新这一机制，广告仍然是网络媒体商业收入的主要来源。在媒介融合进程中，新老媒体相互模仿，其中传统媒体的广告经营机制被网络媒体竞相效仿，从门户网站、网络视频到社交媒体，都普遍以广告营销作为主要的商业模式。由于互联网技术的发展，特别是大数据、人工智能机器学习技术下的用户行为挖掘，使用户画像越来越精准，在机器学习技术下，内容、广告和用户（消费者）之间的联系变得越来越密切。广告是互联网商业化最成功，也是机器学习模型应用最广泛的领域之一。短视频平台自诞生即是市场化、商业化的媒体，虽然兴起之初并没有明确的商业模式，但从一开始就在为实现广告盈利做准备，从短视频发展历程看，广告是短视频商业大厦的奠基石，至今仍然是其重要的商业支柱。

字节跳动这只独角兽的崛起始于广告营销的胜利。“今日头条”用户实现迅速增长的同时，字节跳动便加快了流量变现的商业化步伐，最简单的方法就是信息流广告——在头条推送的信息中，根据用户数据插入个性化广告。张一鸣认为要想实现商业化，必须从广告开始，必须要有在广告领域有经验、有人脉的领军人物来统领字节跳动的商业化战略，终于，他找到了媒体圈颇有名气的广告人张利东。2013年8月，随着原《京华时报》副总的加盟，字节跳动的商业化大刀阔斧地展开了。头条的营销团队在短短的两年里急速扩张，从5人发展到了几百人，字节公司中国区的销售及商业化团队合计占员工总数的36%，仅次于占比

50%的技术研发团队。字节公司的广告收入从2014年3亿元，2015年15亿元，飙升到2016年的80亿元左右，与老牌BAT三巨头不相上下。[①] 这种爆炸式的增长速率甚至超过了同期的谷歌和脸书。事实证明，今日头条的广告业务特别是信息流广告卓有成效。在决定进军短视频领域后，抖音的商业化沿用了头条的模式。尽管抖音始终没有公布单一平台广告收入的占比，但毫无疑问，各种形式的广告是其吸金利器，其中大部分收入来自信息流广告，即每隔一段时间在普通短视频之间插入自动播放的个性化视频广告，这种广告的特点是隐蔽性很强，让人们很容易误认为是普通视频，因为只有一个小小的广告标志位于视频文字描述的旁边。由于广告是根据用户浏览行为数据推送的个性化内容，因此，也很容易引导人们驻足观看，如此精准投放，抖音的广告效果非常好。如前所述，平台在信息流广告试水成功后，头部算法平台快马加鞭启动了包括广告营销系统、企业账号营销、定制活动营销等多元广告营销的系统构建。2018年短视频商业规模467.1亿元，2019年大翻倍增长到1006.5亿元。2020年短视频广告同比增长5.3%，其市场份额占比从2019年的8.2%增长到13.5%。抖音、快手等凭借短视频广告吸金，抢占了其他互联网泛娱乐应用的广告收入。[②]

由于抖音的广告扩张动了微信的蛋糕，一场“头腾大战”由此一发不可收。2018年，张一鸣在微信朋友圈发文，庆祝抖音国际版“Tiktok”2018年第一季度的苹果商店下载全球排名中位列第一，并在评论区留言“微信的借口封杀和微视的抄袭搬运挡不住抖音的步伐”。对此，马化腾在评论区直接回怼“可以理解为诽谤”，两人随后针锋相对互有口水，从而引发网络上的公众围观，将两个公司间的矛盾首次曝光于台前。随后，腾讯以抖音侵权和不正当竞争等为名，多次起诉抖音。2020年2月，字节跳动旗下办公协作软件飞书发布公告称其遭遇微信全面封禁，这一举动无疑将腾讯、抖音之间的矛盾完全公之于众。2021年，抖音

---

① 马修·布伦南：《字节跳动：从0到1的秘密》，刘勇军译，湖南文艺出版社，2021，第89—91页。

② 于烜：《2021年中国移动短视频发展报告》，载唐绪军、黄楚新等主编：《新媒体蓝皮书：中国新媒体发展报告（2022）》，社会科学文献出版社，2022，第244—257页。

反击，以“滥用市场支配地位，排除、限制竞争的垄断行为”起诉腾讯。腾讯和抖音之间多年的互相封锁和诉讼表面上是法律纠纷，实质上是商业利益之争，根源则在于抖音动摇了腾讯的广告根基。

随着短视频广告营销的马力全开，短视频内容完成了从 UGC 向 PGC 化的转变，短视频从没有商业价值的 UGC 转向了适应广告营销的专业化内容和聚焦细分市场的细分内容。这种转变是平台商业化本质决定的，是短视频全面商业化驱动的结果。下面将从 PGC 化两个层面：专业化内容和细分内容，逐一分析，揭示专业化内容、细分内容与广告以及其他商业变现模式的关系。

第一，广告需要内容环境，专业化的内容才是具有广告营销价值的内容。

对于广告而言，并非所有的媒体内容都具有广告价值，广告营销需要一个“广告友好”（ad-friendly）的环境，需要有适宜的内容作为连接才能使广告到达消费者。在专业 PGC 和业余 UGC 这两者中，只有 PGC 是能够“顺畅连接广告”的内容。

20 世纪 50 年代起，全球范围以广电媒体为代表的专业 PGC 视频的广告经营实践，证明了 PGC 与广告的契合与适配。2000 年以来，互联网 Web2.0 技术催生了用户生产内容 UGC 的兴起。Web2.0 技术使用户不只可以下载，同时可以上传，不只被动地接受，还可以主动生产和传播，个体用户被赋予内容生产和传播的权利，UGC 被视为互联网技术赋权的突出体现。然而，从商业价值看，UGC 可能带来流量，但是由于 UGC 的随机性、零散性、质量不可控性，不符合广告投放的规模化、安全性等要求，同时海量 UGC 带来平台带宽成本的巨大消耗，如此一来使得 UGC 平台难以构成一个可预知的市场环境，导致 UGC 视频难以带来广告投放。早在 PC 互联网时期，2008 年 UGC 视频网站“土豆网”时任 CEO 王薇就提出了“工业废水”理论，他认为，UGC 耗费巨大的带宽成本却没有收益，相反还会引起版权麻烦。于是，土豆网放弃 UGC 模式而转向 PGC 模式。随后，国内的视频网站也相继确立了 PGC 模式为主导方向。美国教授 Kim（2012）在 YouTube 研究中指出，在 PGC 模式的代表网站 HuLu 中，产生广告收益的视频占七成；相反，UGC 模式的 YouTube 却只有 3%的视频带有广告，迫于经营压力，YouTube 在被 Google 收购后，积极引入专业媒体机构，希望通过 PGC 模式带来广告收入。最终，YouTube 转型成为一个专业的播出平台。由此我们清楚地看到，由于海量的小散零碎的 UGC 内容与广告投放的规模化、安全性需求形成尖锐的对立，源起于业余 UGC 的网络媒体迫于经济压力转向广告经营，纷纷引入专业媒体机构，以 PGC 模式取代 UGC 模式，最终演变为一个 PGC 模式的媒体平台，这一演进过程已成为互联网媒体发展的普遍轨迹。

尽管短视频起源于业余用户上传的 UGC，但 UGC 不具备广告变现价值，最简单通俗的道理是因为“广告主不允许他们的广告比邻劣质家庭录像内容”①。正像 YouTube 和国内视频网站经历的从业余 UGC 平台向专业播出机构演变一样，由于商业化的需要，在资本驱动和平台扶植下，发端于业余 UGC 的短视频也在向专业的内容生产转型。如果说抖音从一开始目标就是实现内容 PGC 化，那么主打 UGC 老铁社区的快手，面对抖音的攻城略地和资本的压力，从 2019 年下半年开始转向扶植 PGC 内容和 MCN 机构，目的是通过资源、流量倾斜来优化内容结构，为平台的全面商业化构建内容生态池。

第二，在分众营销市场，细分内容为分众营销打开细分市场，而且更容易获得内容背后的产业收益。

当特定观众可以选择观看特定的内容时，就意味着分众传播、分众营销的时代到来了，某一特定领域的细分内容便成为广告到达该细分市场的内容载体。

每当一个新技术、新媒介的出现，广告厂商和媒体机构都在做相应的调整以使广告到达目标消费者。以美国电视媒体为例，在有线电视出现之前，是一个电视媒体向全体受众进行“广播”的大众传播时代。20 世纪 50—70 年代，可以说是美国广播电视的黄金时代。三大电视网 NBC、CBS、ABC 三分天下，电视这块蛋糕大得能够使所有的参与人都获得可观的利润。到了 20 世纪 80 年代，有线电视技术和卫星传输技术应用，使一批新兴的有线电视网进入了市场，HBO、CNN、ESPN、MTV 脱颖而出。继而，90 年代中期，数字卫星传输、数字有线电

---

① Jin Kim（2012）. The institutionalization of YouTube：From user-generated content to professionally generated content. Media，Culture & Society，34（1）：54-67.

视传输的普及，使电视频道数量激增。随着电视频道从稀缺变为过剩，电视媒体积极应对技术带来的媒介环境的变化，改变了针对大众进行“广播”的做法，转而开办各种细分频道，通过细分内容的“窄播”聚合相应的细分受众，目的是以特定内容吸引特定观众，从而使广告到达目标消费群。除了广告收入，细分频道还拓展了付费订阅这一商业盈利模式。比如，默多克星空广播集团的 SKY TV，付费订阅是其最重要的盈利来源，高质量的体育赛事、电影、电视剧，特别是英超等体育赛事的独家转播，为其在英国和欧洲揽收了大量用户，让其赚得盆满钵满。没有细分内容（频道）就无法获取细分市场，细分内容是广告商到达目标市场的入口，也是面向用户实现收费收入的内容载体。

进入网络媒体时代，多元细分内容仍然是社交媒体、算法媒体获取细分用户的入口。针对特定人群的差异化内容，用户黏性高，转化率高，因此，具有更高的商业价值。比如，知识类等内容相对于娱乐、资讯内容的用户而言，黏性更高，能更精准地积累和沉淀私域流量，能够带来更多长尾流量，从而使其更具用户价值。换句话说，当平台形成了针对不同年龄、收入、兴趣、知识水平、圈层、亚文化等人群的丰富的细分内容，才有可能聚合特定的人群，也才有商业化的各种可能，除了广告，直播电商、内容付费等也青睐垂类内容。MCN 选择细分类短视频赛道，如美妆、美食、汽车、军事、母婴、健康、知识、体育等，本质是指向这些高辨识度内容背后的产业和用户，青藤文化创始人袁海的观点具有广泛的代表性：垂直赛道的短视频并不完全是真正做内容本身，它的核心其实是以内容积累 IP 资产，通过用户运营和综合的变现方式成为一个稳定持续的商业。

短视频平台深谙此道，2020 年开始，各平台明显加大了垂类内容建设和比拼，西瓜视频、B 站互相挖角争抢泛知识类账号和创作者成为当年的一个热门现象。字节旗下的西瓜视频用高额的签约费用和流量扶持等手段，成功挖角多位 B 站的知名 UP 主，如知名科技类 UP 主“科技袁人”，以及“渔人阿烽”“玉平赶海”等 B 站赶海类 UP 主，给予知名财经类 UP 主“巫师财经”天价签约费 1000 万元。2022 年平台的垂直类别更精细、更多元，体量更规模，热门垂类和小众长尾垂类构成的生态趋于成熟，比如快手平台体育赛道，共覆盖 58 个品类，硬核赛事及长尾垂类均取得规模化增长。从泛知识内容看，抖音新开设的学习频道，实现科技、科普、财经、人文社科、个人管理、音乐、居家、美食等知识类视频的聚合，抖音课堂（知识付费）就有近百个细分类目。快手“新知”扩大到 10 多个类别，知识类直播涵盖专业学科、语言、义务教育、蓝领技能等 9 大门类、49 个细分品类。垂直赛道中内容的深度、专业度是垂类内容的护城河，是在同类型竞争中取得优势的关键。

如果说大众内容更适合做广告和流量变现，那么垂直内容更适合做直播电商，实现内容电商化。细分内容能更精准地积累和沉淀私域流量，高效实现成交转化率，垂直赛道的内容电商化优势凸显。以快手“理想家”业务为例，此业务始于 2019 年，从家居家装垂类短视频起步，经过两年多时间，“理想家”打通了“短视频/直播内容分发—看房—交易签约的整体流程，业务覆盖数十个城市。2022 年度，快手房产业务总交易额（GTV）超过 100 亿元，初步建成房地产交易的链路，打通了从内容到产业通路，“理想家”是快手内容电商化的突出代表。此外，快手还大力推进求职用工招聘的快招工、婚恋交友的快相亲等垂直赛道，通过“直播+”业务拓展了快手变现的交易版图。

本章小结

2013年以来，中国短视频内容生产经历从UGC向PGC化的演进过程，MCN是推动业余UGC向专业化内容生产的转变重要力量。在大量专业机构、MCN公司引领下，原先居于主导的业余UGC被挤压到边缘，让位于组织化、规模化的精耕细作和垂直细分。短视频从没有商业价值的UGC转向了适应广告营销的专业化内容和聚焦细分市场的细分内容，表面上这是内容生产方式的改变，然而其本质体现的是内容的商业化趋势。

短视频内容生产的商业化是互联网商业化的一个缩影。回顾互联网发展史，便可以清楚地看到，在互联网市场化之前，也就是20世纪80年代和90年代初期的互联网发展早期阶段，互联网深受科学家学术价值、美国反文化思潮和欧洲公共服务价值观的影响，形成了一个去中心的、多元化的、互动的网络空间。随着1991年美国互联网商业开发禁令被解除，情况很快发生了变化。1995年公共互联网完成了私有化，市场成为形塑互联网的新力量，市场中诞生的图形浏览器、搜索引擎等应用大大促进互联网在全球范围的普及，毋庸置疑，市场化极大推动了互联网的发展，但是，与此同时，互联网的早期建构也被新兴的商业王朝压倒了。显而易见，互联网的发展不仅是科技创新下技术的过程，更是受到参与其中的社会各方力量的形塑，其中商业化是重要的力量。

诚然，在互联网去中心化的传播中，技术对个人的赋权增加了个体信息传播的机会，在Web2.0技术作用下，业余的普罗大众在信息传播中从被动走向主动，使互联网有条件成为一个能够体现公共价值（public value）的空间。其中UGC被视为互联网技术赋权的突出体现。但是互联网的商业化又使普罗大众的声音越来越边缘化。因为公司权力远远大于用户的反制力量。中国短视频发展轨迹再次显示出互联网商业化对于技术赋权的损害。互联网把一个廉价的传播工具交给人们，但是低成本传播条件不应该和被人聆听画上等号；技术赋权给了普通用户发声的机会，但能否被听见则又是另外的问题了。

第三章　推荐算法对短视频内容生产的影响

在上一章的讨论中我们分析了短视频从UGC向PGC化的演进——从没有商业价值的UGC转向适配广告营销的专业化内容和聚焦细分市场的细分内容，这种转变体现的是内容商业化转向。在推荐算法主导的短视频媒体平台，短视频内容生产的全面商业化与算法之间有着怎样的关系？推荐算法对内容生产的影响是什么？本章将围绕这些内容展开讨论。

智能算法融入信息传播，带来了传播的深刻变革，算法和传媒深度融合，改变了信息的采集、生产、分发和反馈等过程，并且正在全面重塑传播生态。在算法时代，内容的王冠黯然褪色，内容为王的时代远去，“算法为王”的时代来临。

本章首先从个性化推荐算法的基本原理出发，论述推荐算法对于内容流量和流向的控制，继而讨论算法逻辑支配下短视频内容要素共性特征。之后，以短视频平台作为新兴媒体这一事实为前提，在媒体具有“公共”属性理论的框架下，从个性化推荐算法的技术逻辑和商业逻辑两个层面，分析推荐算法的内容偏向，以及所造成的公共内容的缺失。

第一节　从内容为王到算法为王

人工智能（AI）的三个核心要素是数据、数学模型和硬件基础，即数据、算法和算力。随着数据、算法、算力的不断演进提升，机器学习取得新的突破。算法既是人工智能的核心要素，也是智能传播的底层支撑。短视频算法平台的信息传播中，“算法为王”，信息分发由算法控制，算法主导着信息分发，支配着信息准入以及信息流向和流量，算法在信息分发中起着关键的控制作用。

在网络传播中，对用户而言，订阅式、搜索式和推荐算法式是三种不同的信息获取方式，三者的信息分发机制迥异，内容之于流量的重要性也完全不同。对于订阅式而言，如微信公众号，阅读量大小和粉丝多少成正比，订阅/关注人数（粉丝）越多，粉丝打开和分享越多，则流量越大，内容的传播力、影响力越大。尽管决定流量的关键因素是粉丝，但是，由于内容是获得粉丝及粉丝转发传播的核心，因此，对订阅式的传播而言，内容是流量的基石。然而，对搜索式，特别是推荐算法式，内容的决定性作用大大降低了。对搜索式而言，搜索引擎首先要对全网/全平台信息进行采集、处理、分类，然后根据用户搜索的关键词聚合相关信息，并以一定相关度顺序排列呈现出来。从用户角度，搜索引擎可以帮助用户在庞杂分散的巨大网络中精确定位我们需要的信息，是一种实现信息和用户相匹配的行之有效的方法，然而搜索的前提是用户必须清楚自己想要搜索什么信息，对用户端要求较高。对内容而言，内容如何被搜索引擎识别并获得在前的排序则成为流量的基础，其中，搜索结果呈现的顺序对内容的传播和影响起着关键的作用，由于搜索引擎采用竞价排序机制，内容分发的权力转向了平台，如此造成的弊端是搜索结果在页面上的排序不再是基于内容本身，而是基于和内容无关的进价排名的广告费，即使做了内容 SEO（搜索引擎优化），排序依然让位于广告排名（比如百度搜索），搜索引擎的排序机制使得流量的决定权由内容转向技术平台，内容的传播并不完全基于内容本身，因为搜索引擎才是互联网流量的入口。然而，尽管订阅式、搜索式是两种不同的信息获取方式，但两者有一个共同点，简单地说就是人找信息。订阅、搜索两者都是人主动的信息获取行为，用户需要知道自己的需求、喜好，同时用户也拥有选择内容的主动权。

但是，当今日头条、抖音、快手等算法主导的新兴媒体平台相继崛起，根本性的变化发生了，信息分发由原来的“人找信息”变成了“信息找人”，用户得到的信息既不是主动订阅的，也不是搜索获得的，而是推荐算法投喂的。在算法媒体平台，内容上传到平台首先要经过机器审查、识别理解和标签归类，然后被算法模型按照与用户标签的匹配度排序，之后根据数据匹配度进行分发。信息和人通过标签进行匹配，而标签化的过程是由机器算法实现的，几乎没有人的参与，这是一种区别于社交媒体以及以往任何媒体的全新的信息分发方式和传播机制。从传播机制上说，算法媒体平台的底层逻辑与社交媒体完全不同。表面上看，抖音、快手平台的内容呈现形式与社交媒体并没有重大区别，而且，也同样具有社交功能，在发展时序上又是与社交媒体相伴发展成长起来的，很多短视频平台的视频在微信、微博等社交媒体上广泛传播，这些因素都使算法媒体通常被误认为是社交媒体。但是，区分两者的关键因素不在于表面的内容和呈现形式，而在于底层的传播机制。从传播机制看，社交媒体是基于庞大的人际关系形成的社交图谱而实现的大规模的即时传播，是以社交图谱为核心进行的信息分发，社交媒体的内容传播本质上是用户主导的；而算法媒体是通过机器学习对海量用户和内容数据进行实时动态分析和匹配，是以算法为核心的信息分发，决定内容传播的是推荐算法系统。由此可见两者有着本质上的差别。

通过以上的分析对比，算法分发的核心是推荐算法而不是内容，这一结论就清晰地呈现出来了。

短视频平台推荐算法系统的工作原理是怎样的？要了解推荐算法的工作机制，就首先要了解机器学习。计算机如何进行学习？即如何让计算机产生智能？简单地说，就是把现实物理世界中的问题，变成可计算的问题，然后用计算机算出来，中间的桥梁是数学模型。在物理世界中，有些问题可以用确定数学模型描述和解决，但是，更多问题的解决方法是不确定的，即使找到了数学模型，也不知道该代入的参数，比如机器翻译、人脸识别，需要让计算机从大量数据中自己学习得到相应参数。根据数学模型的特点，机器学习可分为两类。一是知道模型的形式，用机器学习计算出参数，这个过程被称为训练，通过向程序展示输入和期望输出的实例来训练程序。这是机器学习的简单类型，也被称为监督式学习。二是不知道模型的形式，只能设计一些简单的、通用性强的模型结构，然后使用大量的数据训练，由计算机自己学习得到相应参数（此类模型被形象地称为黑箱或黑盒子）。深度学习是后一种的机器学习方法。今天 AI 最为热门的数学模型就是深度学习的深度神经网络，也是算法平台普遍采用的算法模型。

1992 年施乐公司帕拉奥图研究中心（Xerox Palo Alto Research Center）的 David Goldberg 等学者创建了应用协同过滤算法的推荐系统。如果以此作为推荐系统领域的开端，那么推荐系统距今已有 30 多年历史了。但是，直到 2011 年推荐系统才取得重大进展，这一年谷歌公司在 YouTube 上使用新型机器学习系统 Sibyl 进行视频推荐，收获了重大成果。而真正为推荐系统插上翅膀的，是深度学习带来的技术革命。2012 年，随着深度学习网络 AlexNet 在著名的 ImageNet 竞赛中一举夺魁，深度学习引爆了图像、语音、自然语言处理等领域。2015 年谷歌开发了深度学习的工具 Google Brain“谷歌大脑”，用“谷歌大脑”替换了原有的 Sibyl 系统，继续优化视频推荐系统。2015 年以后，随着微软、谷歌、百度、阿里等公司成功地在推荐、广告等业务场景中应用深度学习模型，推荐系统正式进入了深度学习时代。①

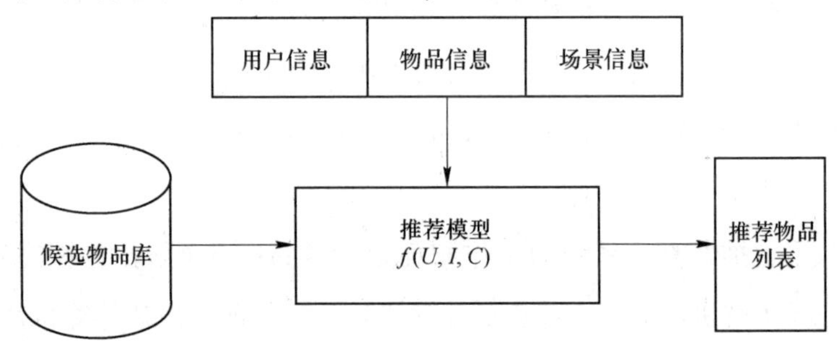

图 3-1　推荐系统逻辑框架

来源：王喆《推荐算法》。

① 王喆：《深度学习推荐系统》，电子工业出版社，2020，微信读书网页版，https：//weread.qq.com/web/reader/b7732f20813ab7c33g015dea。

在中国，字节跳动拥有中国领先的推荐算法系统，当初公司的三款短视频产品，即抖音、火山小视频、西瓜视频，背后都是以母公司的推荐引擎作为“核武器”。作为公司核心机密，字节的算法从未披露，直到2018年，迫于舆论对其算法伦理的质疑声浪，字节跳动在北京召开了一次公开会议，由算法架构师曹欢欢博士向公众介绍了字节系推荐算法的原理。在演讲中曹博士说，推荐系统，“如果用形式化的方式去描述实际上是拟合一个用户对内容满意度的函数，这个函数需要输入三个维度的变量。”用公式表示即为 y = F（Xi ，Xu ，Xc），三个维度分别是内容、用户、环境。内容维度，包括图文、视频、问答等不同内容，需要考虑如何提取不同内容类型的特征；用户特征维度，包括各种兴趣标签，职业、年龄、性别等，以及可能的隐式兴趣等；环境特征是指场景信息，指移动互联网时代中的工作、通勤、旅游等不同的场景，主要根据地理位置、时间做判断。结合三方面的维度，算法模型判断拟推荐内容在某一场景下对这一用户是否合适推荐。典型的推荐算法模型包括协同过滤模型，监督学习算法 Logistic Regression 模型，基于深度学习的模型，Factorization Machine 和 GBDT 等。今日头条的产品沿用同一套大的推荐系统，但根据业务场景不同，模型架构会有所调整。①

总之，短视频推荐系统的核心是解决处于某一环境下用户和内容的匹配。理论上，个性化推荐算法通常分为三个步骤，一是内容标签化，把所有视频内容进行分类和排序；二是用户标签化（用户画像），根据用户以前的观看习惯，推导出用户喜好；三是把视频内容和用户喜好进行匹配，并按照匹配度排序。② 下面从用户画像开始，具体介绍推荐算法的分发机制。

用户画像的核心是为用户打标签。用户画像的数据分析通常采用两种算法，一种是对用户行为进行归类处理的分类算法（也称有监督的机器学习算法），即首先在模型中输入训练数据，依据已经标识好的内容类别和分类，对模型分类器进行训练，完成训练后的分类器则会自动对新输入内容进行相应分类及类别标

---

① 【PPT 详解】《曹欢欢：今日头条算法原理》，2018 年 3 月 6 日，腾讯云：https：//cloud. tencent. com/developer/article/1052655。

② 诸葛越：《未来算法》，中信出版集团，2021，第 18 页。

识，从而发现用户感兴趣的主题、关键词；另一种使用聚类算法（也称无监督的机器学习算法）对兴趣爱好相同的用户进行聚类，并对同一类用户进行统一推送。这一类算法并不事先输入训练数据，而是通过算法进行自学习，自动从混杂的数据里汇聚出相互区别的类别，形成类内相似、类间不相似的若干类别，在类内展开内容推荐。由此可见，用户实际上是被算法类别化的数据类型集合。关于内容标签，与之相似，对于非结构化的内容，算法也是将其建模为一系列的特征值的集合，同样通过分类、聚类、卷积神经网络等的算法区分内容类型，从而形成相关性的类别。

当对用户和内容进行建模分析、形成了相应的标签属性以后，接下来需要使用合适的推荐算法对用户和内容进行匹配分发。目前的主流算法逻辑是聚类，即基于数据内部的结构寻找样本的集群，聚类算法简单说就是算法根据机器生成的参数，将用户或者内容分成类内相似、类间不相似的若干类别，在类内展开内容推荐。常用的推荐算法可分为两大类：一类是基于内容相似性的推荐，另一类是基于用户行为相似的推荐。在现阶段 AI 技术下的实际应用中，准确识别内容，特别是视频，是一个难度高且投入大的工作，以抖音为例，日均大几千万的视频上传量，对其进行内容识别，耗时耗力且准确度又低，因此，在实际中，基于用户相似性的“协同特征”成为推荐系统中的一个典型特征，对推荐起到重要作用。这种传统而使用广泛的经典算法模型，可分为基于用户的协同和基于物品的协同（见图 3-2）。基于用户的协同，即从用户侧先寻找出用户间的相似性，给兴趣相同或者相似的用户进行相关推荐，具体分为两个步骤，先确定与某个用户喜好相似的目标用户，然后把该群体喜欢的内容推荐给此用户。举个例子，如果小红、小黄都喜欢视频 1，则机器判定小红、小黄是同一人群类别，之后算法就把小黄喜欢的视频 3 推荐给小红。基于物品的协同，即基于不同用户所共同喜欢相同内容的共性进行推荐，如果 A 喜欢“八段锦”，当喜欢“八段锦”的其他用户 B、C、D 选择观看了“太极操”，那么算法将把太极操推荐给 A 用户。通常每个用户会有多个标签，也就是用户聚类是多维度的，比如一个 30 岁的年轻女性用户可以被标签为健身减肥、母婴育儿、美食、时尚、爱好美剧……算法只需要将该用户喜欢的视频推荐给其所属维度下的各个同类人即可。通过分析协同过滤算法推荐，可清晰地看到，视频内容本身并不是最重要的，重要的是让系统知道该内容会被什么样的用户喜欢，系统认定你喜欢的内容也会被同类人喜欢。在算法平台推荐算法分发机制下，内容本身的重要性让位于算法，人们看到的视频是由机器学习算法模型决定的。

个性化算法推荐本质上是归类匹配。目前算法的逻辑是聚类，即基于用户或者内容的若干类别，在类内展开内容推荐。算法归类匹配，就像隐形的工业机器手，把海量视频和用户进行分拣后，通过一条条看不见的光速流水线为同类的用户源源不断地分配相应的类内内容，由此可见，通过算法分发可以达成对内容的规模定制，通过分发达成对内容生产的控制。

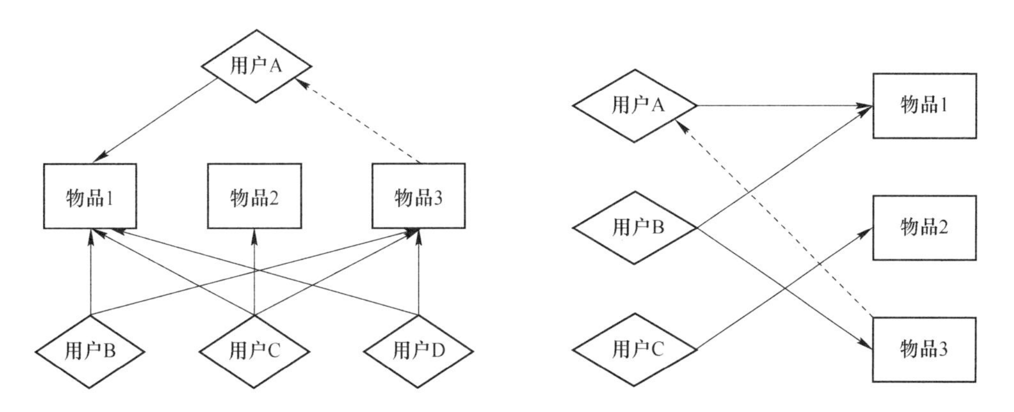

图 3-2　基于物品的协同过滤与基于用户的协同过滤推荐机制①

在了解了推荐算法系统和原理之后，为了加深对算法为王的认识和理解，下面仍以抖音为例，从一条视频上传开始，具体展现推荐系统下视频所经历的生存轨迹（见图 3-3）。

短视频作品发布后一般要经历“审核—初次推荐—用户反馈—叠加推荐”的过程。

---

① 方兴东等：《ChatGPT 的传播革命是如何发生的？解析社交媒体主导权的终结与智能媒体的崛起》，《现代出版》2023 年第 2 期，第 40 页。

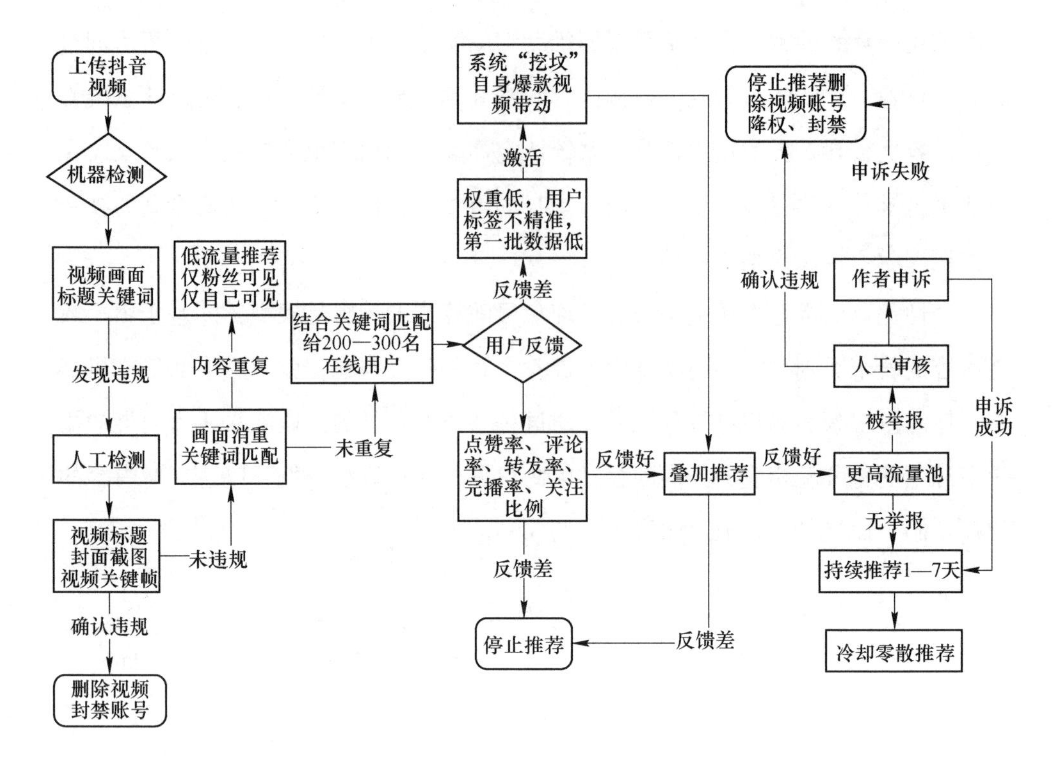

图 3-3 抖音平台作品上传后的流程轨迹①

第一步审核：包括机器审核和人工审核的双重审核。首先通过算法模型来识别视频画面、关键词，如果机器审核有违规，针对这些筛选出的疑似违规进行人工审核。如果被确定为违规，且申诉失败，视频将无法上传，并被删除，严重的会被封号。

第二步初次推荐：也被称为“冷启动”，即通过审核的视频，推荐系统会自动分配一个初始流量池，通常是几百人的小规模的在线用户池。

第三步用户反馈：对初次推荐后的用户反馈数据进行综合评判。推荐系统根据视频的完播率及互动情况，包括转发量、点赞量、评论量、关注率等进行综合评判，决定是否进入第二轮推荐。如果数据反馈差，系统会停止推荐而不会尝试

① 方兴东等：《ChatGPT 的传播革命是如何发生的？解析社交媒体主导权的终结与智能媒体的崛起》，《现代出版》2023 年第 2 期，第 41 页。

其他方向，这是在内容饱和情况下系统的最优选择，于是该视频的生命轨迹到此结束。此阶段如果系统发现账号的用户标签模糊、权重低，也会终止视频传播。

第四步叠加推荐：用户反馈数据积极的视频将被投入高一级流量池进行第二次推荐，同时给与加权，分发时强化用户标签，进行更为精准的分发。对于第二次推荐用户反馈好的视频，将再次进入更高级别的流量池进行第三次推荐，以此叠加直到最后进入顶级流量池，进行全网大规模曝光。进入顶级流量池的爆款视频，人群标签被弱化，该视频对所有用户进行推荐，在线用户几乎都可能刷到该视频。抖音首页推荐的是顶级流量池的爆款视频。

同为个性化算法推荐，抖音和快手在算法模型设计上有所不同，抖音奉行效率至上，采用的是典型的流量"赛马"，每一轮赛马的优等生才会进入下一个流量池，被分发给更多用户，而赛马失利者即刻被淘汰出局。快手则有所不同，快手创始人宿华在《被看见的力量 快手是什么》的序言《提升每个人独特的幸福感》中写道，"我们在做注意力分配时，希望尽量让更多人得到关注，哪怕降低一些观看效率。从价值观上来讲，还是非常希望能够实现公平普惠。注意力作为一种资源、一种能量，能够像阳光一样洒到更多人身上，而不是像聚光灯一样聚焦到少数人身上，这是快手背后的一条简单的思路"[①]，快手另一位创始人程一笑认为，快手是一个连接器，连接每一个人，尤其是被忽略的大多数。两位创始人都视普惠为快手的愿景，在这种公平普惠价值观下，快手在算法设计上试图避免注意力资源的两极分化，让每一个内容的注意力资源分配获得相对均等的机会。注意力是互联网的核心资源，但这一资源分配不均的程度可能比其他资源更严重，宿华希望尽量让更多人得到注意力，提升每个人的独特的幸福感，他说，"快手要做的就是公允，在资源匹配上尽量把尾巴往上抬一抬，把头部往下压一压，让分配稍微平均一些。这样做是有代价的，总体效率会下降……我们在做资源分配时，在资源平等和效率之间，在效率和损失可以接受的情况下，自由和平等这两者可以往前排一排"[②]。在很长一个时期，快手推荐系统试图遵循效率兼

① 快手研究院：《被看见的力量 快手是什么》，中信出版集团，2020，第 8 页。
② 快手研究院：《被看见的力量 快手是什么》，中信出版集团，2020，第 14—15 页。

顾公平的原则。需要说明的是，虽然快手、抖音两个平台有上述这些设计上的具体差别，但是，就推荐算法的整体系统和原理而言，二者是基本一致的。

总之，如果用一句话概括，个性化推荐算法就是对海量视频和用户通过打标签分别进行类别化，把标签相似的视频与人按照匹配度进行匹配，整个过程是通过算法“标签”联结的、匹配的。标签化的过程，是数据驱动的，整个过程是由数据驱动的 AI 深度学习完成的。对内容而言，算法是否能识别视频信息，如何理解视频信息，是否能够正确理解、归类，至关重要。决定视频传播的并非内容，也不是用户，而是算法。推荐算法决定内容分发，算法主导着内容被谁看到、被多少人看到。和订阅式信息获取方式相比，粉丝的价值（即内容价值）不再是举足轻重的，内容是否被系统叠加推荐才是最重要，特别是以抖音为代表的中心式网络结构的算法平台，高粉丝不一定有高流量，比如，抖音官方的一个运营策略，是以话题挑战赛等官方活动来主导流量方向，当官方调整了内容方向时，比如从跳舞转换到了动画，本来流向“#代古拉 K”的流量就会流向“#一禅小和尚”。同样，即使是万把粉丝的低粉丝账号，只要获得推荐，也可能获得全网极高的曝光量，[①] 以抖音这种推荐权重大于关注权重的算法平台为例，曾有一条热门视频，抖音观看量超过 5000 万，但其账号粉丝数仅为 25 万人。在早年短视频中，莫名其妙被算法推成爆款的例子并非个例，比如早年，某案例中，头条账号#鲜生的海，一条仅仅 4 秒 UGC，内容是刚捕捞的蹦跳的大活虾，标题：“野生斑节虾，弹跳的软妹币”，播放量竟然破两千万+。2020 年在抖音强攻直播带货时，直接官宣喊出了“0 粉丝也能开直播”的口号，看似天方夜谭神话，但是现实已证明，只要平台算法推荐，一切皆有可能。

综上所述，在短视频算法媒体上，用户接收到的视频是数据驱动下机器学习经过算法识别、过滤、选择、分发的，推荐算法控制着信息的流向和流量。算法平台内容受控于算法，算法为王。

---

① 张佳：《短视频内容算法：如何在算法推荐时代引爆短视频》，人民邮电出版社，2020，第 55 页。

第二节　算法逻辑下短视频文本要素的共性特征

随着短视频内容生态的成熟，创作者在内容的红海中厮杀愈演愈烈，获得流量，打造爆款成为短视频业界永恒的焦点和焦虑。于是各种打造爆款的分析文章和宝典铺天盖地。但是，这些文章大都是在应用层面提供了某种具体的解释，或者是实操经验的某种总结，缺乏算法技术视角下的短视频内容要素规律性的研究，至今尚没有一个系统性的、理论性的研究成果。算法逻辑下高流量短视频文本内容有哪些特征，在文本层面是否有共性的要素？以下将展开对这些问题的讨论，试图对算法逻辑下短视频文本要素的共性特征进行一次系统的探索。

研究算法逻辑下短视频文本要素的共性特征，是以算法技术"兴趣推荐"实现信息高效匹配的目的为出发点，研究受算法青睐的短视频文本所具有的共性特点。

个性化推荐算法的三要素是用户、内容和分发算法，核心是实现内容与用户的匹配，即按照用户喜好、需求进行内容匹配。推荐算法是以满足"个体喜好"为目的进行的精准匹配，是以满足个体兴趣为目标进行的内容分发。因此，算法逻辑下短视频内容要素规律的研究，也必须从用户角度出发。算法对用户兴趣的判断主要来自用户视频浏览过程中的播放以及转评赞、加粉丝等互动的数据表现，用户视频浏览行为是一个信息加工处理的过程，与认知心理学密切相关。用户观看一个短视频，从眼睛接触视频封面开始到选择观看，再到转评赞的反馈行为，这一过程从认知心理学角度就是个体的信息加工处理过程。在信息加工过程，"注意"是认知活动产生的前提，并贯穿整个认知活动。娱乐媒介的核心都是以吸引注意力为指向、围绕注意力进行的创作，大众传媒的收视（听）率就是对注意力的测量，网络新媒体则直白地被视为"注意力经济"，短视频对注意力的争夺更是无以复加到了以秒计算的程度，开头的"黄金三秒钟"几乎成为每个短视频创作者奉行的铁律。有关调查表明，TIKTOK 视频的最佳长度在 21—34 秒。[①] 在算法平台，短视频内容生产的核心就是围绕注意力吸引和保持展开的。

本章节从用户角度，即人们如何接受、处理信息这一角度切入，以媒介信息处理的理论作为支撑，吸取了心理学特别是认知心理学的研究成果，围绕注意力吸引和保持，结合高流量视频样本案例，研究算法逻辑下短视频文本的共性特征，构建一个高流量视频文本要素变量的系统框架，揭示影响用户注意力的共性要素。

需要说明的是，关于短视频的内容生产是学界、业界关注、讨论的热点，也有大量文章产出试图总结流量密码，比如有将爆款内容归纳为有用、有趣、有共鸣，也有总结为有故事、有情感、有态度、有人设等，这些结论对我的研究提供了有益的启发，但是，这些文章毕竟是经验总结类，与理论建构距离遥远。此外，纯粹的操作指导，如何起标题，如何剪辑等，也不是本书的研究范畴。

对算法逻辑下短视频文本要素共性特征的研究，是在“系统取向”元理论观念下展开的，研究分为两个步骤，首先，需要构建一个视频文本分析系统，即先对视频文本进行分层；其次，在分层的子系统中找出与注意力相关的要素变量。

一、关于理论背景

关于媒介信息处理的理论。算法逻辑下短视频文本要素共性特征的研究，是在媒介信息处理的理论视角下展开的。媒介信息处理理论并不是一个独立理论，而是有关信息处理研究的各种理论集合的统称，该理论集合包括面对大量涌入的信息，个体是如何筛选，如何决定是否关注，如何在既有知识背景下考虑这些信息，以及如何将这些信息转化为记忆等，涉及的理论有信息选择理论，有关注意的理论，编码理论，图示理论，等等，解释人们如何感知符号、图像和声音，然后将它们转化为心理表征。这些理论贯穿传播学或媒介研究的不同历史阶段。为

---

① 《马斯克的最新警告：短视频算法会「吃掉」孩子的大脑》，2024 年 1 月 30 日，谷雨星球微信公众号。

了表述的方便，将这些与媒介信息处理相关的理论统称为信息处理理论。

虽然信息处理理论最常用于解释人们如何解读新闻内容这一领域，但是该理论也越来越多地被用于娱乐体验的研究。随着新闻和娱乐之间边界的日益模糊，一些媒介研究者甚至提出，事实上绝大多数新闻都是娱乐，对此观点本书不做评判，但毋庸置疑的是新闻日益娱乐化的倾向。不仅新闻，其他公共领域的内容也日渐以娱乐方式出现，并成为一种文化，这在波兹曼的代表作《娱乐至死》中有精彩的描述和论述。大众传播时代，随着媒介渠道的爆炸式增长，有线电视和卫星电视网络遍布，互联网日益普及，广播电视不得不习惯于使用令人惊叹的技巧来争夺观众的注意力，通过娱乐吸引观众，刺激受众进行处理信息。在大众传播时代，信息处理理论在娱乐领域得到越来越多的应用。在智能媒体时代，当短视频对注意力的争夺到了以秒计算的程度，将媒介信息处理理论用于短视频内容研究恰如其分。

关于媒介信息处理理论与心理学的关系。心理学是传播学的重要源头之一，心理学对传播学的影响深远而重大，两者是近邻。20 世纪 90 年代，传播学巨擘麦奎尔指出，在传播学发展中，关注人们如何处理信息和构建意义，代表了与信息处理理论相关的第四次范式转向。而这次范式转向受益于 20 世纪 80 年代心理学领域信息处理研究的发展，这一发展加速了心理学和传播学领域的交叉研究，学者们从不同角度研究受众如何使用媒介信息并建构意义。心理学流派、分支众多，传播学与认知心理学关系密切。认知心理学（Cognitive Psychology）是以信息加工观点为核心的心理学，又称信息加工心理学，它兴起于 20 世纪 50 年代中期，其后得到迅速发展，当前已成为占主导地位的心理学思潮。其研究范围主要包括感知觉、注意、表象、学习记忆、思维和言语等心理过程或认知过程，以及儿童的认知发展和人工智能（计算机模拟）。[①] 认知心理学在整体上强调人的心理活动的主动性。在认知心理学出现以前，对于心理活动的机制，心理学家主要

① 王甦，汪安圣：《认知心理学（重排本）》，北京大学出版社，1992 年（2006 年重排），绪论-第一节，微信读书网页版，https：//weread. qq. com/web/reader/c01323e071725ec9c012f9bk16732dc0161679091c5aeb1。

关心的是心理活动的生理机制或神经机制，认知心理学在高于生理机制的水平上来研究心理活动，也就是立足于心理机制，研究人的信息加工过程。主张研究认知活动本身的结构和过程，并且把这些心理过程看作信息加工过程，核心是立足人心理活动的主动性，揭示认知过程的内部心理机制，即信息是如何获得、储存、加工和使用的。认知心理学研究不仅推动了心理学的发展，对传播学也产生了积极影响，比如，认知心理学对知觉的研究较过去有了进步，它强调知觉的主动性、选择性以及过去经验的重要作用，再如，认知心理学将“注意”看作信息加工的重要机制，强调注意的选择性。在认知过程中，“注意”是选择性的意识集中，具有指向和集中的特点，注意是认知活动产生和前进的前提，并贯穿整个认知活动。中国学者卜卫等认为，受众从接触媒介信息开始，就进入到信息加工的过程，受众接触媒介内容的过程，从认知心理学角度就是媒介信息处理过程，逻辑上信息加工认知心理学的研究成果和方法，可直接应用于媒介信息处理过程。

在现实中，心理学研究成果早已广泛应用于短视频的生产和创作。比如，短视频创作者奉为宝典的“黄金三秒”原则——一条短视频的生命取决于开头的3秒，这一原则就是源自心理学的研究结果。1979年，安德森等学者在注意力惯性研究中，对一群5岁儿童进行测试。研究表明：从电视观看开始到在3秒内结束的风险函数约为0.57，当观看行为保持到3秒钟，在6秒钟之前停止观看的风险系数，便降到了0.34。当观看行为保留到6秒，后续停止的风险函数则会进一步降至0.24，以此类推。也就是说，3秒之前停止观看风险最大，3秒以后，观看的时间越长，在每个后续时间段里停止观看的风险则逐渐降低。这一研究同样适用于12岁以上的儿童以及成人。后来的研究发现，这种注意力惯性不限于看电视，在听音乐过程也发现了这种风险函数。①

综上所述，传播学、心理学中关于媒介信息处理相关的研究成果是建构高流量短视频文本要素系统的重要理论依据。

---

① 布莱恩特，沃德勒：《娱乐心理学》，晏青等译，中国传媒大学出版社，2022，第47页。

二、以注意力为核心构建系统

受众是媒介传播活动中的积极参与者，在信息加工中并非被动，而是起着积极的作用。当眼睛、耳朵等感官接收的信息进入感官存储，第一步是区分哪些信息被处理，哪些被过滤。当人们的感官接触到图像、符号、声音的刺激时，信息处理就开始了，然而，仅仅接触并不能保证信息将被处理，感知者必须以注意力的形式投入认知能量，也就是说，仅仅接触并不能保证注意的发生。对于“注意”的研究是认知心理学的重大贡献。

“注意”作为心理活动的调节机制在近代心理学发展的初期即受到关注。然而，随着行为主义和格式塔心理学的兴起和传播，“注意”的研究几乎被完全排斥。前者根本否定注意的存在，后者则将注意完全融化于知觉之中。20 世纪 50 年代中期认知心理学兴起以后，“注意”的研究才得到广泛的开展，并成为认知心理学的一个重要领域，“注意”的重要性越来越清楚地显现。

认知心理学着重研究“注意”的作用过程，提出了一些“注意”的模型，比如，著名的 Broadbent 过滤器模型、Treisman 衰减模型，这两个模型尽管有所不同，但根本出发点是共同的，即都认为高级分析水平的容量有限或通道容量有限，必须由过滤器予以调节；过滤器的作用是选择一部分信息进入高级的知觉分析水平，使之得到识别，注意选择都是知觉性质的。因此，在当前的认知心理学中，多倾向于将这两个模型合并，称之为 Broadbent-Treisman 过滤器-衰减模型，并将它看作注意的知觉选择模型，该模型理论得到心理学界较为广泛的肯定。

认知心理学将“注意”看作一种内部机制，借以实现对刺激选择的控制并进行行为调节，通俗说就是舍弃一部分信息，以便有效地加工重要的信息。研究证明“观众会过滤掉那些无聊、不相干的、不重要的信息”①。信息处理中选择性接触、选择性感知、选择性记忆，表明人们倾向于按照已有的观念和兴趣接触大众媒介。②

---

① 布莱恩特，沃德勒：《娱乐心理学》，晏青等译，中国传媒大学出版社，2022，第 86 页。

② 布莱恩特，沃德勒：《娱乐心理学》，晏青等译，中国传媒大学出版社，2022，第 19 页。

总之，人们对信息量的处理能力是有限且固定的，当信息量达到一个阈值，就无法处理更多信息，因此，每天遇到的大量信息会被自动过滤掉，从而为那些被认为是有趣的、重要的、有用的信息提供认知能力，这就是注意选择性。正是由于信息加工过程这种“选择性注意”机制，媒介内容生产者必须使用能够吸引注意力的手段，生产能够吸引并维持注意力的内容。

至此，我们从理论上阐述了为何要以注意力为核心建构高流量短视频内容要素系统，下面将进入本节的重点，集中讨论与注意力高度关联的短视频文本要素。

三、高流量短视频的文本要素系统

本书秉持“系统取向”元理论观念，将内容要素置于文本系统中，因此，首先需要对视频文本进行分层，之后研究分层子系统的文本要素变量。

（一）短视频文本分析系统

叙事理论对文本系统分层提供了理论依据。沃尔特．费希尔的“叙事范式”认为故事渗透在人类所有的传播行为之中。所有文体，包括技术传播，无不是生活故事的一个情节片段，我们是讲故事者，我们通过叙事的形式体验生活。菲斯克、阿伯克龙比、纽博尔德等传播学者的研究表明：叙事是人类社会普遍经验和存在。例如《电视与社会》简介了托多罗夫、普罗普、利维 · 施特劳斯等叙事理论的开创者的研究，解释了电视的叙事功能，以及神化特色。在《重组话语频道》中沙拉 · 考茨罗夫详细阐述了叙述理论在电视研究中的应用，明确指出叙述理论对于非故事性节目的适用性，菲斯克在著述中阐明了非虚构类节目也是叙事的观点。近年来国内有关媒介内容的研究中，越来越多的研究者自觉运用叙事理论来分析电视文本、视频文本。

叙事文本，由两个部分组成，一个是故事，另一个是话语，即表达，使内容得以传达的手段。叙事是对故事的叙述，包括故事和叙述两个层面（见图 3–4）。

综合有关叙事研究的文献，尽管研究范畴、重点有所不同，但将视频文本作为叙事文本，并按照“故事”和“叙述”两个层次进行划分和研究则是共同的。

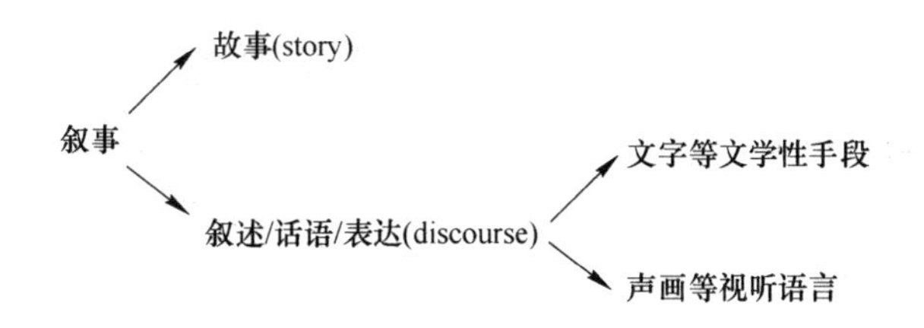

图 3-4　影视作品叙事文本构成

“故事”研究说什么，即讲述什么故事内容，“叙述”则研究怎么说，即如何讲述故事，也就是使故事内容得以传达的方式、形式、手段，同一个故事可以有不同的表述方式、不同叙事结构，不同的叙事产生不同效果、不同的意义。国外大量经验研究结果都强调，“形式和内容对注意力分配的交互效果”。以上的研究成果为短视频文本分析的两个分层——“故事层”和“叙述层”提供了坚实的理论支撑。

由此研究的第一个步骤得以完成，后续将分别在“故事层”和“叙述层”的两个分层中，以注意力为核心研究短视频文本要素变量，探寻高流量短视频内容要素规律。

（二）高流量短视频文本要素构成

算法媒体中高流量短视频有哪些内容特征？换句话说，从用户角度而言，用户的注意力和哪些因素有关？如何吸引并保持注意力？作为一项探索性研究，除依托传播学、心理学相关理论外，研究者的个人优势也是重要的支撑。笔者的优势来源于自身长期视频内容生产的研究和实践，比如 20 世纪 90 年代以来，在中国电视频道迅速扩张期的收视率竞争中，身在一线，积累了关于节目内容、表达对于收视率影响的直接经验，同时也来源于作为传播研究者对于新媒体传播新现象的持续的观察和思考，特别是 2016 年以来对于短视频内容、传播的参与式观察，以及对算法媒体所做的实地调研。

需要说明的是，作为一个归纳研究，研究过程与书稿的结构呈现不同，为了表述方便，将结论做了前置。

1. 故事层的要素

在短视频文本故事层面，相关性、戏剧性、本能刺激性这三个要素是与观看者注意力水平相关联的典型要素。

(1) 关于相关性要素

短视频文本故事层的相关性是指故事要素（人、事件、环境）和观看者相关的程度，简称相关性，也就是短视频选题内容与观看者是否有关系，以及相关性的程度。心理学通过经验研究证明了刺激物与个体的关系是影响人们注意产生的一个因素，个体的经验知识、刺激的物理特性影响信息选择。当人们有意识地关注一个信息时，就发生了信息的有意识加工，意味着对信息的高度关注，关注的根源在于以某种认知与情感方式进行学习，或者出于与信息互动的动机。心理学的研究为本书“相关性”这一要素变量提供坚实的基础。

如果说心理学研究是一个参照，那么叙事理论则从叙事的本质解释了故事和受众之间的相关性：人们接受故事的目的和根源是在主体与客体间建立相关性。《电视与社会》一书指出，故事面对具有人类社会特征的基本矛盾、事件和关系，在本质上是处理人类社会看待自我的基本方式。伯格认为，人生无往无常，我们了解世界和了解自我的最重要的途径之一就是通过叙事。叙事是人们对现实的一种主观把握。

人们表面上热衷于故事，实则意在通过故事建立与自己的某种联系。人们接受故事最根本的原因在于故事可以提供过去与现在、他人与自己的一种联系。通过与他人的比较评价自己处境的好坏；通过与过去的比较评价自己的未来。当人们讲述过去的故事时，是将过去的世界通过话语与自己联系起来，当人们讲述他人的故事时，是在通过话语把他人与自己联系起来。通过体验、分享他人的故事来激励、教育我们，让我们思考感受并想象我们可能没有机会体验的生活方式，将我们的情感和精神生活扩展到个人的经验之外。总之，接受一个叙事从本质上说是接受者在故事和自我间建立的相关性。

传播学的经验研究也为“相关性”这一故事层面的要素提供了支持依据。阿伯克龙比有关电视受众的经验性研究表明，“参照性收视”是一种重要的收视行为，人们谈论电视时常常将电视上所述事件和人物同自己的生活联系起来，尽管电视展示的是世界的一种翻版，是“拟态现实”，但它仍然被视为了解世界的“窗口”。参照式收视，就是观众在电视内容和自我之间建立相关性的表现。对于短视频而言，传播载体从电视端转换到手机屏，而接受者没有改变，视频文本的叙事属性没有改变，“参照性收视”依然具有适用性、解释性的。

为什么和观众相关的内容对于观看者是重要的？或许有关电视和日常生活的研究能为我们提供一个可信服的理论解释。根据吉登斯的本体安全研究和心理学家温尼克特的“转化客体”理论，把人们的日常生活看作是某种围绕寻求终极安全而建构的东西。电视作为转化客体，通过观看，人们可以从中找到一些方法，来理解自己的社会角色、义务以及自己与他人的关系等，从而为主体（自己）消除焦虑、创造信赖，提供一种“本体安全”。电视与日常生活理论认为，观众通过电视内容和自身的相关性，为自身建立安全感。

综上，故事要素（人、事件、环境）是否和观看者相关，相关的程度，以及相关人群的范围等，这些相关性是引发关注的一个因素。

信息有多重功能，故事内容的相关性可以从多维度进行分析，本书聚焦三个维度：实际功用的相关性（简称实际功用相关）、情绪情感的相关性（简称情绪情感相关）、价值观的相关性（简称价值相关）。

第一，实际功用相关。实际功用相关是指故事包含的信息具有某种实际的功用性，能够满足接受者（观众）实际需要，也就是通常所说内容有用。实际功用可以是资讯功用，知识功用，也可以是对个人日常生活实用的指导、帮助、服务等的功用，还可以是满足人际交往谈资话题的功用等。实际功用相关，强调满足观众资讯、知识、日常的实际需要而非内在情感需要。弗里德曼和西尔斯在1965年的实验室研究表明，信息的实用性是选择性接触的一个动机。关于信息内容有用之于注意力之间的联系也被其他实证研究所证明。实际功用的人群覆盖越普遍，注意力获得越普遍，例如，与生命安全相关的内容，灾难、死亡，等等，是获得高流量故事要素。

第二，情绪情感相关。指内容能够唤起观众情绪、情感的程度。大量文献表明，人之所以选择媒介内容，是因为它会影响情绪状态，齐尔曼、布莱恩特有关刺激安排的情感依赖理论（affect-dependent theory）是这个领域较成熟的理论。该理论有两个基本前提，一是它假设人们有动力将负面有害或厌恶的刺激接触降到最低；二是人们有动力将积极愉快的刺激最大化。该理论进一步认为，个体为最大化实现这些目标会尝试寻找外部刺激，一般是通过选择大众媒介中各种常见的诱发情感的节目，或者其他娱乐节目来实现。1999 年，朗（Lang）、波特（Potter）等人将能唤起情感的内容与使人平静或中性的内容进行比较研究，结果发现能唤起情感的内容比使人平静的内容受到更多关注。① 总之，心理学研究证实，对媒介的情感反应是媒介消费体验的重要组成部分。特定的内容与特定的情感相联系。能够广泛唤起观众情感的内容，会获得普遍关注。

情绪相关、情感相关是两个不同层面的体验。按照心理学情感、情绪的内涵区别，情绪相关一般指由刺激信号的外在物理特性引发的个体身体上的某种感觉，如看到子弹击中脖颈鲜血喷涌镜头时的紧张战栗，表现为表层感官感觉的变化。情感是一种与道德经验有关的体验，情感相关，指人脑对于事物内在价值特性的感受过程和体验，比如，看到茫茫雪山中冰雕般守边关的执勤战士时引发的感动。情感是态度的一部分，是人对现实的比较固定的态度，是一种较复杂而稳定的评价和体验，情感包括道德感和价值感。心理学“戏剧的倾向”理论的核心是情感，该理论认为，对媒介内容的享受是一种机能。对人物的看法（feelings）之于观众的享受至关重要，对于喜欢的角色，希望其成功，担心其失败，而对讨厌的角色，希望其失败，担心其成功。当愿望实现时，会放松、愉快和享受，然而一旦出现担心的结果，享受就会大打折扣，这是戏剧倾向理论的基本准则。支撑戏剧倾向理论的文献很丰富，在最早的研究中，齐尔曼、布莱恩特等确立了道德判断在形成情感倾向中作用：倾向的形成基于对于角色行为和动机的道德评价，当角色的行为、动机是恰当的、道德的，我们会形成积极倾向，反之时，我们会形成消极倾向。② 情感是倾向理论的核心，道德判断在情感过程中

---

① 布莱恩特，沃德勒：《娱乐心理学》，晏青等译，中国传媒大学出版社，2022，第 44 页。

② 布莱恩特，沃德勒：《娱乐心理学》，晏青等译，中国传媒大学出版社，2022，第 137—140 页。

起着巨大的作用，受普遍道德观、价值观支撑的民族自豪感、爱国主义情感、利他为人的崇高感等人类共同的情感，具有普遍的情感相关性，这类选题在爆款中占比非常高。如果说情绪相关强调外在刺激本身直接引发人的感官变化（如马路上光看手机不看路导致意外摔碰跌落、滑稽窘态百出的搞笑段子），那么情感相关强调道德经验、价值观主导下的情感体验（如茫茫雪山中守边防冰雕般的战士所激发的爱国情感）。

第三，价值相关。指短视频内容在观点、态度、思想、信念等价值观层面上与接收者的契合程度。早在20世纪40年代心理学家指出，人们回避与自己观点相左的信息。60年代的大众传播研究纠正了强效果的“枪弹论”，提出“有限效果论”，代表人物克拉珀认为，“大众传播并不能成为影响受众的必要和充分条件”，受众的“选择性接触、选择性感知和选择性记忆”是影响大众传播效果的因素，这里克拉珀对选择性接触的定义是：人们倾向于按照自己已有的观念和兴趣接触大众传媒，并回避不一致的内容。这一定义源自费斯汀格认知失调理论，该理论认为，当人们同时持有两种互相矛盾的思想、态度、信念时，就会产生心理不适，于是引起失调，减少失调的办法是：避免产生失调的信息，或者寻找与自己信念共振的信息。本研究认为，价值相关性是受众选择接触媒介内容的一个因素，价值观层面的普遍相关是高流量短视频重要的故事要素。在我对2017—2019年爆款案例进行的分析中，包含忠孝仁义等东方价值观、伦理观，如滴水之恩涌泉报、尊老孝亲、善恶因果报应等短视频，尽管制作粗陋，表演业余，缺乏故事逻辑，但因为鲜明的价值态度和直白的情绪渲染获得大流量和强互动。

需要说明，情感相关、价值相关这两个维度往往是交织在一起的，爆款短视频中这两个要素往往同时兼具。比如，发家之后以百万重金回报当年帮助100元路费的同村发小的煽情短剧，严冬中冻成雪人的执勤战士、烈火中救人的消防人员等。如前所述，道德判断是情感倾向形成重要基础，比如我们喜欢某个角色、行为而享受角色成功，不仅是因为我们喜欢，更重要的是因为我们认为他应该成功，我们认为他是正义、正当的。正是我们认同滴水之恩涌泉报的道德观，所以，我们情感上会享受视频中的重金回报滴水恩者的成功。但是，尽管情感倾向和价值观是相互联系，爆款短视频这两个要素往往兼具，但情感、道德价值是不同的概念范畴，在要素构成研究中仍然有必要将其划作两个单独的要素进行分析。

综上所述，短视频故事层内容与接收者相关性的要素可分解成3个变量，即实际功用相关、情绪情感相关、价值相关，这三个故事要素是吸引关注的重要变量。内容的相关性与注意力成正比，相关性越普遍、相关的人群越广泛、程度越强，短视频所获得的注意力越多。

(2) 关于戏剧性要素

故事层的戏剧性要素是指选题的戏剧性，指选题表达的内容并非人们正常、常态、常规的生活经验，而是超日常经验的内容，是超日常经验中的那些明显具有对立、冲突的选题。

心理学认为个体的经验知识影响信息选择。在认知过程中，人的经验、知识与图示相关。社会心理学中的一个重要概念是社会图示，图示被定义为一种认知结构，包括对一个概念、人或者事件的认识。人的所有知识和经验都组成为一定的单元，这种单元就是图示，它包含了类型、类别的一般经验和抽象知识。社会图示是多种多样的，总体上有叙述图示、论证图示、具体化的图示，也可以分为包括人的图示、角色图示、事件图示、情境图示、故事图示等。图示包括什么样的信息具有一致性（如鸟待在树上），什么样的信息具有不一致性（如鸟鸣叫），什么样的信息具有无关性（鸟脚趾的颜色）。图示的作用是帮助我们运用先前知识、经验有效地加工新信息和了解新事物。

图示在观众接收信息过程中发挥的重要作用，与图示不一致的信息引起关注。与图示不一致的信息就是超出人们一般日常经验的信息。超日常性的程度越明显、越突出、越不寻常，也就是刺激的突出性越显著，引起的关注度越高。如果短视频故事的主体与人们对主体一般经验的认识是明显对立的、冲突的，则得到高关注度。比如，“名校海归流落街头乞讨为生”“侏儒集体征婚”等，这些选题内容与人们已有的图示不一致，且具有较强烈的对立冲突性，使这类选题本身就具有关注度。相反，那些人们图示中普遍缺乏的经验知识，如法律条款、财经理论、医学原理等学术性强、专业性高的内容，因为太过陌生无从理解而被注意机制过滤掉了。

超出日常经验的不寻常特性可以是人物个体的不寻常（如某著名歌星皈依佛门）；可以是人物社会范畴（如社会角色）的不寻常的；（如人力车夫自学古典文学被名教授破格录取）；可以是对一般人的普遍经验来说是不寻常的，如极端、消极的行为（如吸毒、自杀）。

为何超日常经验的、反常的信息，特别是包含冲突性的超图示信息会引起注意？一方面是由于信息作为刺激物的突出性特征明显，因为刺激的突出性是引起注意的重要因素；另一方面是因为这些信息会引起人的期待。心理学认为，动机是外在行为和内在心理发生的原因。动机对行为具有促发，维持和导向作用。期望是和动机相关的概念。冲突矛盾等与图示不一致的信息会引起人们的期待，从而引发注意的产生。

（3）关于本能刺激性要素

故事内容的本能刺激性是指，短视频文本信息（也包括标题描述、封面等）作用于人本能大脑所驱动的兴奋性反应。20 世纪 90 年代心理学家麦克莱恩（MacLean）提出“三位一体的大脑”理论，人脑是本能脑、情感脑、理性脑三位一体的，本能脑是驱动生物人的基本动作和情绪的所在地，例如，寻找、害怕、性行为等受控于本能脑；情感脑解读社会情绪；理性脑是负责逻辑、因果关系的中心，比如通过学习将现在与过去以及未来联系在一起。本能刺激性，指刺激本能脑、引发生物人本能的兴奋性反应的信息，比如危及生命的危险，涉性的影像、隐喻。涉及死亡、危及生命的危险的信息，在自然环境中，包括各种自然灾难和环境危险，有洪水、地震、火灾、海啸、雪崩以及毒蛇、猛兽等威胁，在社会环境中，包括血腥暴力，恐吓威胁（如杀人绑架、恶性事故），也包括关乎性命的极限挑战、冒险等。

进化心理学相关理论解释了为何人对于危及生命的危险以及涉性的刺激会产生与生俱来的本能兴奋。进化心理学“战斗逃跑反应”研究指出，人们不断监测周围环境是否危险，并在发现危险时采取攻击或逃跑的应对，这些兴奋性的反应印刻在古老的大脑结构中，并在脑内扁桃体中被组织起来，是作为个体自我保存的机制而被延续，不需要唤醒，现实中媒介环境里的信息刺激一样会引发本能的兴奋性反应。同样，性活动是作为物种保存的机制而根深蒂固的延续在大脑结构中，媒介中的色情等性刺激相关内容，如涉性的动作行为、性机会、性暗示、性隐喻等同样会引起大脑的兴奋反应。与性爱相关的情绪、内容是一直是影视、娱乐取之不竭的金矿，能引起观看者高度兴奋。短视频中恶性交通事故、恐吓恶搞、涉黄段子、着装清凉裸露的小姐姐擦边热舞等都是作用于本能大脑的刺激，刺激越突出，引起注意越强烈，这类本能刺激性短视频往往是流量的收割机。

综上分析，短视频故事层的相关性、戏剧性、本能刺激性这三个要素是与注意力高度相关的共性要素。

2. 叙述层的要素

我们知道，叙事文本包括故事和叙述两个层面，如果说“故事层”重在研究说什么，那么“叙述层”则研究怎么说，即如何讲述故事内容，也就是研究使故事内容得以传达的方式、形式、手段。注意力不但与故事内容有关，同时与表达及其形式同样密切相关。本节重点讨论短视频文本叙述层中与注意力高度相关的共性要素。

起源于 UGC 的短视频，时长从几秒到几分钟，类型、形态可谓包罗万象，包容性前所未有，远远超过了传统电视节目或者网络视频的样态，这就给文本表达层面的研究带来了不小的挑战。本研究从视频文本的基本元素入手，借鉴影视叙事学、心理学等相关理论成果，结合不同内容类型、不同形态短视频的案例分析，试图建构一个通用的与注意力高度相关的短视频叙述表达要素系统，也就是说，这一要素系统应该适用于各种不同类型的短视频，而非仅仅适用于有限的特定类型，因此，这一系统中的各要素构成必须是相对全面的。研究认为，在叙述层，与注意力高度相关的短视频叙述表达包括以下八个要素：信息清晰度、信息密度、信息修辞感、信息戏剧感、声画形式动态感、时间节奏感、信息控制、即时互动感。下面将逐一进行分析和阐述。

信息清晰度。信息表达的清晰度包含符号清晰度和逻辑清晰度两个维度。符号清晰度指语言文字符号（包括解说、对话、独白等语言以及各种形式的字幕等）、影像符号的表达是否清楚明了，是否通俗易懂，是否形象具体，是否造成观众的理解障碍。亚里士多德在《修辞术》中提出，成功的公共演讲必须使用清晰的语言，在说服过程中，语言使用应该避免使用奇词异字。短视频是口语文本，任何生疏冷僻、晦涩难懂的语句，以及抽象、书面的词句都构成语言理解的门槛，因不易被识别、理解而造成认知超负荷进而影响注意力。比如，当内容中涉及法律、法规条款，金融、科技概念，专业理论、学术等普通观众已有图示经验中缺乏的知识经验时，因为普通人没有这种专业的知识结构，势必造成信息理解的高门槛。心理学研究表明，当刺激是具体的和能够产生形象感的，会增加生理唤醒从而引起关注。因此，内容表达必须足够形象、具体，相反，抽象、枯燥、空泛的信息都是非清晰的。对于抽象内容，应该使用比喻、类比、举例子等能够激发联想的语言、画面，使其形象化、具体化，增加信息的清晰度。相反，如果不能用通俗、形象、具体的语言、画面进行表达，观众的注意力会因为缺乏生理唤醒或者理解障碍而中断。

逻辑清晰度是衡量叙述逻辑性的指标，即信息之间是否具有逻辑条理性和结构性，简单地说就是条理是否清晰。2004 年心理学家洛奇等研究者对孩子所做的一项实验表明，当孩子们越能搞清楚电视叙事间的因果关系时，理解力越强。[①] 叙述上的逻辑不清、结构混乱同样会造成观众内容识别和理解的困难，从而中断关注。

信息密度。信息密度指单位时间内有效信息（文字、影像）的数量。如果信息清晰度对应信息的质，那么信息密度则对应信息的量。“信息缺乏”或“信息过度”都是影响注意力的因素。短视频中信息过度是获取流量的一种手段。

无效信息导致信息缺乏，比如过时、无用、言之无物、众所周知等没有实质

① 布莱恩特，沃德勒：《娱乐心理学》，晏青等译，中国传媒大学出版社，2022，第 48 页。

内涵的“兑水”信息，或者那些节奏缓慢拖沓、又长又慢的内容也造成信息缺乏。“随着人民生活水平的提高，×××进入了千家万户”是常见的无效信息句式。再比如，多余重复的信息，电视节目主持人串场词和外拍小片开头解说的重复是这类重复信息的典型表现。相反，“信息过度”指信息过于密集，超过人们正常接收处理能力。朗（Lang）的研究发现，那些又长又慢的故事，观众的认知努力、生理唤起度最低，识别度也最低，而短故事+快速度，增加生理唤起，但同时也造成了认知的超负荷。在线性播出中，认知超负荷影响观众的信息识别和解码，会造成注意中断的因素。但是，短视频中“短故事+快速度”的信息过度现象普遍存在，原因就在于“短+快”能够有效提高注意力唤起水平。不同于线性的节目流，短视频播放视频并非是线性的，观看短视频本质上是非线性的点播行为，因此，只要能吸引注意引发点击观看，流量获取的目的就达到了一半，对于信息过度导致的理解问题，可以通过多次重复播放解决。由于完播率是短视频算法推荐的重要指标，“信息缺乏”会造成的播放中断从而影响流量，然而，只要信息足够吸引人，信息过量造成的不完全理解，则不会引发播放终止，现实中往往是观者还没来得及决定是否放弃观看，视频就已经完播了，流量获取的目的也就达到了。

信息修辞感。短视频叙述层的信息修辞感指使用引起情绪兴奋、共情的技巧元素进行的表达，意在使接受者在观看过程中产生的喜、怒、哀、乐的情感共鸣。在《广播电视节目编排与制作》这一电视实务经典文献中，霍华德等提出，感染力是成功节目的基本因素，其中喜剧性、情感激动是两个重要的感染力的因素。20 世纪 80 年代，心理学关于电视注意力的研究表明，幽默地传达内容的技巧，即内容趣味化、娱乐化的表达技巧，可以增加对节目的关注。因此，喜剧娱乐修辞技巧，比如情景剧、脱口秀、喜剧小品表演，喜剧角色扮演，夸张搞笑的语言和非语言的表达等，在电视、短视频中广泛应用。用音乐渲染气氛、煽情的桥段是短视频中通用的技巧。在研究的案例中，比如，15 秒的“00 后”靓妹在工地搬砖的 15 秒短视频，画面简单粗糙，仅以妹子慢动作+《世上只有妈妈好》的流行歌曲进行情感渲染，获得千万级的流量，位列当年某平台 top100，类似这种的戏剧反差的故事内核，配合通俗音乐进行煽情，成为当年收割流量的密码。

信息戏剧感。指包含超常经验、对立冲突的叙述表达。图示理论指出与图示不一致的信息引起关注，前面在故事内容层面我们详细讨论了与图示不一致、冲突对立的选题内容会引起关注，同样在叙述表达层面，那些超出人们惯常经验的表达，同样吸引关注，例如，江苏卫视婚恋交友真人秀节目《非诚勿扰》，作为一档现象级的节目曾经火遍大江南北，其中男女候选嘉宾现场的自述、对答是节目的一大看点，当年女嘉宾一句令人惊诧的充满戏剧张力的表达“宁可在宝马里哭不愿在自行车后笑”引爆全场，成为现象级金句，此句一出，不但使当期节目收视点位高位提升，而且引发了社会长时间的广泛讨论，甚至流传至今。再如，农家女孩在农村田间地头边的窝棚里练习芭蕾舞《天鹅湖》的画面，瘦弱娟秀的女孩在工地搬砖扛麻包的画面，等等，都是信息戏剧表达的范畴。

形式动态感。镜头语言、蒙太奇剪辑、声音动效等影像语言，是视频的重要形式特征，安德森等学者关于注意力与电视的研究表明：特定的形式特征会引发观看行为。有三个实验研究检验了常规视频中运动、剪辑、声音效果三者与注意力的关系。对于成年观众，这些研究的结果非常一致。关于运动（包括镜头运动以及静止镜头中主体的运动等），运动与观看增强有关，这是各个年龄段的实验最一致的结果。关于剪辑，剪辑具有保持注意力的能力，但它不能像运动那样吸引不专心观众的目光。关于声音、声音效果、掌声等音频特征，实验结果是积极正向的，这也是欢呼声、笑声、各种动效声等声音频繁被用于视频中的原因。[①]也就是说，视频中镜头的推拉摇移甩跟等拍摄手法、拍摄主体在画面中的运动调度，画面之间的剪辑手法，使用的音效、声音效果等声画表现形式，这些元素如果给观众一种动态刺激，将会引发关注或注意增强。2019 年“代古拉 K”等跳舞小姐姐的短视频火爆，其中形式动态感是产生关注的原因之一。

声画等的形式动态感引发关注，也可以用心理学家勒温（Lewin）提出的“场动力”理论进行解释。“场动力”理论用公式表示 B = f（PE），B 表示行为，

---

① 布莱恩特，沃德勒：《娱乐心理学》，晏青等译，中国传媒大学出版社，2022，第 37—38 页。

P 表示人的内在心理，E 表示环境因素，这一行为公式表明，人的行为是个体内在心理和环境因素相互作用的结果。当个体不变时，不同的外在环境因素对行为产生不同影响，这就是“场动力”理论。对于观众而言，电视节目的信息刺激就是环境因素。用声画元素营造动态场，相对于静态沉闷环境，这些变化增加了认知努力和生理唤起度，从而提高或保持注意水平。

时间节奏感。这里的节奏是一个主观感觉，指人们感觉上某一视频的持续时间，是主观时间的一部分。节奏指标化为长度和速度。一般而言，单位时间的形式特征越多，节奏就越快。朗（Lang）的研究表明，与长故事比，观众看短故事时花费的认知努力更大。1999 年，朗（Lang）等学者研究了电视消息的注意力唤醒和节奏（pacing）间的关系，结果表明，对于平稳的内容，总体注意力会随节奏加快而增加，另外，人们对唤醒性内容的关注度，由于节奏更快而降低了。也就是说，节奏慢+常规平稳的内容以及节奏快+激发情感的内容，受到的关注都最少；相反，节奏快+平稳的信息、节奏慢+激发情感的信息，获得更多关注。我们在影视作品中常常看到这样的场面，在扣人心弦的紧张时刻，在久别重逢恋人相向奔跑等激情叙事的时候，经常采用慢镜头表现，这就是“慢节奏+激发情感信息”引发注意力的一种具体表现。

即时互动感。即时互动感会加强人的认知努力。埃利斯（Ellis）认为，电视节目使用“直接交谈”（direct address）形式，形成电视即时性，与观众建立起一种“交流的共同体”（community of address）。电视的即时交流互动感会加强人的认知努力。将观者视为参与者而非旁观者，用带有人设的人际交往的语态、状态，不时地用语言、非语言符号与观众进行直接的、面对面的交流，创造一种观众在现场的交流互动感，是获得注意力的手段。刘畊宏健身短视频火爆出圈，虽然原因是综合的，但为观看者带来了逼真生动的即时互动感，是其中重要的因素之一。短视频结尾以直接交谈的形式，设置互动的问题、话题，面对镜头邀约观看者参与意见和评论，是一种常用的技巧。

信息控制度。信息控制是指按照注意力规律，运用叙事策略和技巧来控制信息分配，从而达到吸引并保持注意力的目的。信息的分配过程中，传统叙事的起承转合的结构法，在短视频文本中需要做相应调整。短视频强调“黄金3秒钟”这一注意力重要规律，开头3秒决定视频生死成为新规则。但是，一些重要的叙事规则、技巧仍然是信息控制的重要手段，如结构的缝合性，即平衡—失衡—恢复平衡，在从失序到重建秩序的讲述中，观众获得满足，体验快乐；又如逻辑因果链条，以因果线性链进行故事推进等。设置悬念，通过悬念积累期待是重要的叙事技巧，也是信息控制的重要手段。悬念是悬而未决的冲突，是故事的动力。菲斯克在《电视文化》中提出关于电视故事三阶段观点：以吸引关注的悬念问题作为导引—悬念推进故事发展—谜底揭晓，就是通过悬念进行信息控制。对于非故事类内容，关键信息点的悬念设计也是注意力形成的动力。此外，其他叙事技巧伏笔、陡转也有控制信息功能。运用叙事规则、技巧进行信息分配和控制，是获得和保持注意力的重要因素。

综上所述，算法逻辑下与注意力高度相关的短视频文本要素规律的研究，是从人们如何接受、处理信息这一角度切入，围绕注意力吸引和保持，以传播学、心理学有关媒介信息处理的理论，以及叙事学关于文本分析的理论为依托，结合高流量视频案例，建构的一个由故事内容、叙述表达两个层面构成的视频文本要素系统框架。**研究认为，短视频文本中，故事内容层的三大要素，即故事内容的相关性（实际功用相关、情绪情感相关、价值相关）、戏剧性（超常性、对立性）、本能刺激性，叙述表达层的八个要素，即信息清晰度、信息密度、信息修辞感、信息戏剧感、形式动态感、时间节奏感、即时互动感、信息控制度，是与注意力高度相关的短视频文本共性要素，是高流量短视频的共性特征。**需要说明的是，本研究是对UGC、PGC、PUGC短视频中的不同题材、形态、类型的视频文本的归纳研究，旨在探索普遍的共性规律，建立一个通用的高流量短视频文本要素分析系统，因此，对于一个爆款短视频而言，一定是具备了上述的某些要素特征，但是，并不是说需要具备上述所有要素，才能收获高流量，这一点需要特别厘清。此外，还需要说明，这些要素并非具有同等的权重。作为一个探索性研究，这一要素系统，仍然是一个理论假设，后续需要经过量化检验，以及各要素权重的进一步研究。

在与注意力高度相关的短视频共性面貌逐渐清晰以后，我们发现，当这些内容成为平台的主导和主流时，就意味着客观、真实、平衡原则下新闻等公共内容的边缘化。下面，将围绕算法逻辑下的短视频内容缺陷展开集中讨论。

第三节　算法逻辑下短视频的内容缺陷

当信息的流向和流量取决于推荐算法时，算法媒体的内容及内容生产无法摆脱算法的影响。

推荐系统的“终极”目标包括两个维度：一个维度是用户体验的优化；另一个维度是满足公司的商业利益。推荐系统不仅是用户高效获取感兴趣内容的“引擎”，也是互联网公司达成商业目标的“引擎”，二者如一个硬币的正反两面，是相辅相成的。如果把前一个维度视为算法的技术逻辑，后一个维度就是算法的商业逻辑。本节将从推荐算法的技术逻辑和商业逻辑两个层面，分析推荐算法主导短视频分发对于公共内容，特别是新闻以及新闻生产的影响。

一、算法技术逻辑下的内容偏向

个性化推荐算法是以满足“个体喜好”为目的进行的“精准匹配”，是以个体兴趣为目标导向进行的内容分发。算法对用户的兴趣判断主要来自用户历史视频浏览中行为表现。本章节从算法技术逻辑追求高效满足个体兴趣的这一目标导向出发，根据认知心理学的理论成果，分析个体信息加工中普遍兴趣所在，揭示算法的内容偏好，以及算法技术逻辑造成内容缺陷。

个性化推荐算法是按照用户个体的内容偏好、兴趣进行内容匹配，核心是要达成用户和内容的匹配效率。推荐算法的技术逻辑追求分发效率，旨在达成信息匹配的精准度。我们知道，智能算法以标签化的方式，分别提取用户和内容各自的相关特征，然后通过不同的推荐算法模型，按照标签匹配度将内容推送给相应的用户。用户分析的核心是通过大量数据挖掘为用户打标签，即从网络记录的用户社会人口统计学属性、视频浏览行为等用户数据中抽取用户特征进行标签标识，其中用户的历史视频浏览行为（观看的内容，观看时长）、互动反馈行为（如点赞、评论、转发，是否对账号加关注或取关）等尤为重要，这些数据体现的是用户个性化的兴趣、爱好、习惯。

如前章所述，在信息加工过程，人们对信息量的处理能力是有限且固定的，当信息量达到了一个阈值，就无法处理更多信息，因此，每天遇到的大量信息会被自动过滤掉，从而为那些被认为是有趣的、重要的、有用的信息提供认知能力，这就是注意选择性。“注意”是认知活动产生和前进的前提，并贯穿整个认知活动过程。在认知过程中，“注意”是选择性的意识集中，具有指向和集中特点，正是由于信息加工过程这种“选择性注意”机制，内容生产者必须使用能够吸引注意力的手段，生产能够吸引并维持注意力的内容。

认知心理学研究证明刺激物与个体的关系是影响人们注意及信息选择因素。当用户接触短视频封面图这一刺激物的一瞬间，决定忽略还是选择点开的一个重要的因素是此封面图包含的信息，比如标题、图片等信息与用户个体动机是否相关，这种动机相关性和关联强度影响用户的观看行为。

认知心理学认为个体的经验知识和刺激的物理特性影响信息选择。如前面章节内容所述，在认知过程中，人的经验、知识与个人的“图示”相关。图示在观众接收信息过程中发挥的重要作用，与图示不一致的信息引起关注，原因在于这些不一致的信息会引起人的期待，从而引发注意。对一个视频而言，与图示不一致的信息包括超出人们一般日常经验的故事内容（如狗咬人、名校海归街头乞讨为生、名流吸毒等），同时也包括视频中具体叙述表达（如“宁可在宝马里哭不愿在自行车后笑”），超日常经验中那些具有强对立冲突性、那些超日常经验程度越强烈、越不寻常，即刺激的突出性越强则获得普遍关注越高。为了表述方便，将此类超图示、对立冲突的故事内容以及叙述表达概括地称为超常戏剧性信息。这些超常戏剧性信息引起的期待越强，则关注越高，持续越久。

刺激的物理特性还包括对于刺激本能脑、产生生物人层面的感官、情绪等本能的兴奋性反应的信息特征，比如恶性死伤事故、危及生命的血腥，涉性影像、性联想、性隐喻等作用于大脑与生俱来的本能兴奋，以及作用于感官使人产生喜怒悲恐等的直接刺激。

总之，从认知心理学关于刺激物与个体的关系、个体的经验知识和刺激的物理特性影响信息选择的理论出发，那些与个体动机相关的，具有超常戏剧性，刺激感官本能兴奋的故事内容和叙述表达是个体信息加工中普遍选择和兴趣所在。以高效满足用户兴趣为目标的推荐算法无疑是更青睐、偏向于含有上述元素的视频，而这些视频内容与以新闻为代表的公共内容所体现的公共性、客观性、真实性、理性具有本质上不同。

在短视频算法媒体，无论是UGC用户生产，还是PGC专业生产，用于公众消费的具有公共性色彩的媒体内容严重欠缺。对UGC而言，一个具有代表性的研究结论是，“网络用户多半能生成通俗文化导向的内容和个人日常生活导向的内容，而不是新闻/信息内容”①，这一结论也符合人们对UGC短视频的普遍经验。在PGC内容研究中，有关对主流媒体短视频传播效果的文献中，不管是学术性的实证研究还是应用层面实际案例分析、经验总结，结论基本是一致的：强故事冲突、强情绪情感、强观点态度（价值表达）是获得广泛传播的高流量密码。现实中，猎奇离奇、煽情滥情、硬怼怒斥，成为内容的硬通货，视频创作者刻意制造强戏剧情节、放大戏剧冲突、追求连续反转情节，追求镜头语言中刻意渲染感官刺激画面和动效，意在迎合算法获取流量，但是，这种追求的泛滥与真实、客观、理性、平衡的新闻价值观要求相差甚远。算法媒体是受算法驱动的，是受个人动机、需要、欲望驱动的，而不是受信息驱动的。

现阶段人工智能机器学习自身存在局限性，个性化推荐算法对于用户兴趣的满足，只能做到对用户表面喜好的迎合。目前算法对于用户的分析具有明显的局限性。如前所述，协同过滤算法推荐时对于用户的分析是粗颗粒的归类，精细度有限；根据用户浏览行为，即根据个体历史观看内容数据判定用户喜好，这是一种机器学习的输入到输出的简单、表面、机械的映射，并不反映用户真实的、多层次、内在的兴趣和需要，这也是推荐算法被广为诟病的问题。现阶段机器学习，无论是传统的机器学习算法，还是近年来兴起的深度学习算法，机器不懂语义，达不到理解和认知水平，因此，还不具备无法挖掘用户潜在的、多层次的需要的能力。尽管通过大量投喂数据，深度学习算法精度比过去提高了很多，但

① 詹姆斯·卡柯兰等：《互联网的误读》，何道宽译，中国人民大学出版社，2014，第149页。

是，数据驱动模型却存在着一个尚未破解的核心难题——无法解决海量数据之间的深层次语义层面的关联关系，也就是无法在数据之间通过关联挖掘出用户潜在的、多层次的需要。

综上，推荐算法以用户历史浏览行为的数据判断用户喜好，用户喜欢的内容就是优质内容，不被用户喜欢的内容就不值得消耗资源去推荐。但由于目前人工智能技术局限，算法只能迎合用户表层的直接兴趣。算法技术下个体兴趣导向的追求，使算法偏向于个体动机性、超常戏剧感、感官刺激性的内容，那些用于公众消费的公共性、客观性、真实性、理性等公共内容被算法边缘化了。短视频算法媒体本质上是一个不折不扣的娱乐、休闲媒体。

二、算法商业逻辑下的内容偏向

推荐系统的“终极”目标一个是用户体验的优化，另一个是满足公司的商业利益。如果说针对“个体喜好”的“精准匹配”是算法技术的内在要求，那么满足公司商业利益的算法商业逻辑则是资本与技术合谋下算法权力的体现。算法商业逻辑毫不掩饰地追求能够带来更多流量的内容，毫不犹豫地把流量分配给能够带来更多金钱收益的内容，这与公共内容客观真实、公平公正的内在价值构成不调和的矛盾，在商业逻辑下，公共内容存在先天不足。

技术是社会的重要隐性权力。马尔库塞指出，技术作为一种生产方式，也是组织和维持社会关系的一种方式，是控制和支配的工具。哈贝马斯认为，技术是对自然和人的统治。当互联网和移动互联网成为我们生活的基本操作系统，成为整个社会的神经系统时，我们实际上是生活在海德格尔所谓的技术“座架”中。英国学者斯科特·拉什指出，在互联网时代，“经由计算法则的权力变得日益重要。一个媒体无所不在的社会，权力更多地存在于计算法则之中。”在著名的《代码 2.0：网络空间的法律》一书中，斯坦福大学教授莱斯格写道，代码是网络空间的法律，[①] 代码的写手日益成为法律的制定者。他们决定什么是互联网上的违约，什么样的隐私应该保护，什么程度的匿名应该得到允许，什么程度的信

---

① 劳伦斯·莱斯格：《代码：塑造网络空间的法律》，李旭等译，中信出版社，2004，第 7 页。

息存取应该得到保护。

算法即权力。算法并非中立，算法在黑箱实施控制，执行的是人的意志，国外研究者通过对59个开源移动新闻的源代码进行内容分析，用实证方法证明算法本质上是一组执行人的决策意志的代码。在本研究所做的深度访谈中，所有内容创作者的一个共同感受是：抖音算法像个魔盒，你知道它在控制你，但却无能为力。算法作为权力，控制着信息的流向和流量。为了获得更多的推荐、流量和补贴，受访的账号运营者表示，"只有跟随、迎合算法的喜好"，否则在视频发布后的短短几分钟就会悄无声息地在第一个流量池中夭折了。算法权力在算法"黑箱"中实施控制。

阿多诺、霍克海默指出，技术获得支配社会的基于权力的基础正是那些拥有社会的最强大的经济支配权的人。在互联网时代，随着资本集团对网络控制的日益凸显，这一真知灼见也越发历久弥新。纵观互联网历史，在20世纪90年代公共互联网完成私有化转向后，市场成了形塑互联网的新势力，于是互联网开发应用从某人的业余爱好发展为高科技产业，从一个自由获取的渠道变成一个严格控制的大公司或卡特尔。这种过程司空见惯，这种蜕变成为规律，这种轨迹反复循环。商品化是资本主义组织和再生产的基本过程，现实生活的语境如此，互联网语境也是如此。互联网非但没有消解垄断行为，相反，我们看到的是高度的集中化。正如《互联网的误读》中所描述的：新兴网站和公司如雨后春笋、阵容强大，必定有一家会成为"下一个天字第一号"；从美国最大的在线信息服务机构之一——计算机服务公司（CompuServe）和美国在线（AOL）到聚友网和英国社交网站贝博（Bebo），再到谷歌、脸书，万变不离其宗的是"赢者通吃"的市场结构，不变的结构造成了一种需求：在线和离线资本的极度集中。[①] 早在2007年，谷歌、微软、雅虎、美国在线这四个美国排名前4公司的广告收入，就占据美国全国广告总收益的85%。谷歌占有70%的搜索市场，油管占有73%的在线视频市场，脸书占有62%的社交网络市场。[②] 在中国，从2013年移动短视频发端

---

① 詹姆斯·卡柯兰等：《互联网的误读》，何道宽译，中国人民大学出版社，2014，第131页。

② 詹姆斯·卡柯兰等：《互联网的误读》，何道宽译，中国人民大学出版社，2014，第101页。

开始，仅仅不过几年时间，短视频应用就从“百团大战”迅速演变为“抖快”寡头垄断的市场格局。通过商业化获得市场主宰地位的公司和公司控制人以市场的名义实施控制。比如，苹果公司不允许任何未获得其批准的应用在其终端设备上运行，不遵从苹果公司的规则，你的笔记本就无法工作。在这个时代里，互联网没有消解垄断，相反，带来的是市场的高度集中化，数字经济使资本的规制力越来越大。

诚然，互联网技术也为反制力量提供了各种可能性，但令人遗憾的是，摆脱资本和国家权力的空间不容易获得，这样的空间不会自动寓于社交媒体中，而是必然从属于占主导地位的公司逻辑。[①] 2023 年，当盖茨和马斯克高调提出要警惕甚至限制 ChatGPT 技术开发时，人工智能科学家吴军博士明确坦言，这种担心为时尚早，因为事实显而易见，需要担心的不是技术，而是那些人工智能背后的公司和控制它们的人。

算法执行的是资本集团及其股东的意志，体现商业资本的意图，算法和资本结合实施着权力控制，只不过是技术权力控制变得更加隐蔽。

莱斯格指出，代码是赛博空间社会生活的“人造环境”，是赛博空间的“结构”，这一结构把价值嵌入技术，使用户能办成某些事情，或者对用户进行某些限制，他认为在网络空间“没有中间立场，这里没有一种选择不包含某种建造行为”[②]。算法和资本合谋实施符合资本意志的控制。在本研究所做的深度访谈中，一位抖音账号资深运营者介绍了抖音平台战略调整前后账号流量改变的事实。在与抖音合作的蜜月期，尽管账号粉丝只有几十万，但每天每条视频几十万的播放量是常态，时常还会有百万量级出现，偶然也有千万的爆款。但在几个月之后，尽管账号粉丝突破百万，而且视频制作水平也提高了，相反，视频的常态播放量却降到万级水平。流量数据前后的这种反差正是抖音战略改变后算法调整的结果。

算法平台是资本驱动的商业平台，目的就是流量和盈利，互联网的商业大厦

---

① 詹姆斯·卡柯兰等：《互联网的误读》，何道宽译，中国人民大学出版社，2014，第 159 页。

② 劳伦斯·莱斯格：《代码：塑造网络空间的法律》，李旭等译，中信出版社，2004，第 7 页。

是建立在流量基础上的，为了博取流量，算法偏向于能够制造消费快感的娱乐，使那些缺乏意义、价值、审美功能的感官刺激、情绪刺激、戏剧刺激大行其道，手撕小三、豪门破产、渣男出轨、逆袭复仇等剧情戏码，离婚大战、婆媳吵架等重口味狗血直播，情感主播贩卖焦虑、制造两性对立的各路洗脑招数，占据短视频平台，而理性、逻辑、秩序的表达严重失语，公共性信息明显缺位。另一方面，在公众利益与集团利益相左时，算法优先考虑资本利益，通过调整参数、权重，实现资本盈利的目的。2018 年脸书（Facebook）因为用户黏性减少影响了盈利，于是决定改变算法，进行“重社交轻新闻”的算法调整，以减少公共媒体的内容和流量、增减互动来提振用户的黏性。结果致使专业新闻机构等公共媒体的用户和流量锐减，一些媒体甚至破产关门。①

为了资本的利益，算法不仅追逐能够带来更多流量的内容，而且会毫不犹豫地把流量导向能够带来更多金钱收益的内容。抖音对于能够带来金钱收益内容的宠爱根植在公司的基因中。早在抖音跑马圈地时期，抖音对于企业账号商业营销内容的战略部署领先于早期的“一哥”快手，2018 年抖音企业蓝 V 账号启动，随即便升级到蓝 V 生态，2019 年提出的“全景娱乐营销”，用算法武器全力为商业营销内容赋能，“通过明星账号发布原生广告并融入推荐流，保证品牌信息精准覆盖核心和潜在粉丝，完成营销转化”，如此官方宣讲直白赤裸，而数据结果也证明了算法推流的威力：在品牌和某明星的一次合作中，明星粉丝增长 32 万+，视频播放量增加了 1600 万，互动超过 150 万。②

当短视频内容生态、商业生态成型时，平台方出售流量分配权就成为一种普遍而通用的变现方式，不论是社交平台还是算法平台，不论脸书还是 TikTOK，也不论是抖音还是快手。短视频平台都标配有付费购买流量的功能和工具。这种付费投流对于平台就是一种广告营销收入。以抖音为例，作为平台的虚拟货币，Dou+是抖音提供的一种付费推广工具，平台账号通过付费来增加其视频、直播

---

① 陈昌凤、霍婕：《权力迁移与关系重构：新闻媒体与社交平台的合作转型》，《新闻与写作》2018 年第 4 期，第 52—56 页。

② 于烜：《算法分发下的短视频文化工业》，《传媒》2021 年第 3 期，第 62—64 页。

等的曝光量、流量和互动的机会。使用 Dou+购买流量可以获得以下三种算法推荐方式：系统智能推荐、自定义定向推荐、达人相似粉丝推荐。系统智能投放是默认的投放方式，系统会基于你的视频内容和账号定位，智能选择可能对你的视频感兴趣的用户进行投放，这种方式适合那些希望扩大视频曝光范围，吸引更多潜在粉丝的用户。自定义定向投放，账号可以根据年龄、性别、地域、兴趣等标签来设定目标受众，使投放更加精准，这种方式适用于那些希望针对特定人群进行推广的用户。达人相似粉丝投放，指针对想借助其他达人的影响力来吸粉的诉求，系统基于你选择的达人账号，将该达人账号粉丝作为目标受众进行投放。当然，三种方式明码标价对应不同的付费标准。总之，通过付费，内容可以跳过初始、低级别的流量池，而直接被推荐到与付费金额对应的更高级别的流量池，从而获得更多的曝光基数。但是，Dou+是平台的商业工具，账号购买的是推荐机会，而非结果，购买 Dou+并非一定能有相应的粉丝或转化。

早期的投流推广主要是 MCN 机构为增加内容曝光而做的内容营销，流量购买是各个 MCN 公司的一项重要支出，如青藤文化早期的流量采购费用为大约一年 500 万—1000 万元，而这笔推广费用远高于短视频的制作费用。近年来，小程序短剧的快速崛起，而主要平台的流量“栽培”功不可没。2023 年小程序短剧迅猛增长，率先实现了付费，小程序短剧疯狂吸金，超过了所有人的预料。根据 QuestMobile 数据，截至 2023 年 12 月，短剧类 App+小程序用户月活近 1.5 亿，增长率高达 783%，同比 2022 年增长近八倍。小程序短剧爆火，不仅行业外的人深感意外，行业内的人也有些措手不及。为什么这些 DAU 存疑、用户留存不明、品质粗陋、品相不佳的小程序短剧却先于平台微短剧，让用户完成了付费动作，率先跑通了短剧付费的通路，实现了规模收入？其实道理也简单，用一句话可以概括为：小程序短剧就是流量生意，它不靠内容，而是靠购买平台流量做赢了流量生意。小程序短剧的活跃用户主要来自短视频平台的导流，这些短剧采用“一剧一投”的模式，依靠投流从抖快等短视频平台获得导流用户，用户点击平台上营销链接便跳转到小程序上，之后则需要在小程序上付费才能解锁剧集，完成观看。小程序短剧的本质不是内容生产，而是流量生产，只要获得足够大的流量，便可以用用户付费观看的钱去投流，从而获得更大流量，不断循环往复，就能收割韭菜获利。也就是说，小程序短剧只需通过向平台投流，便能源源不断获得巨大的流量，有了流量，在 24 小时内就能收入丰厚的真金白银。当然，小程序短剧投流费用是巨大的，通常占到总成本的 80%以上，而对于抖音和快手平台方而言，这些短剧小程序是稳定的广告客户，这是笔稳赚不赔的生意，平台自然会一手收钱一手导流。[①] 正是在小程序短剧和短视频平台的这场“双向奔赴”中，双方各取所需、各得其所。

随着短视频直播电商崛起，为带货增加曝光而投流推广加入了平台内购营销的队伍，并成为平台内购广告的主力，平台流量随之越来越集中流向这些直接为平台带来金钱收益的内容。从内容种草到直播成交，短视频内容电商跑通了从流量到变现的通路，成为实现现有流量变现的核心业务，短视频平台内容电商化，“无带货不视频”的局面蔚为大观。在平台内部电商变现的比拼中，商家、机构、达人为达到增加曝光、提高购买转化率的目的，纷纷加码内购投流，加大引流推广成了规定动作。这些营销短视频和带货直播，为平台带来了一路飙升的 GMV，2023 年抖音电商总 GMV 达到 2.2 万亿，快手如期迈入万亿队列，而且内购营销也一举成为带动抖音、快手广告收入增长的新增量，拉动了平台整体广告营收的增长。当平台流量资源源源不断流向这些满载商品货物的账号，抖快平台上的亿级用户便从“刷刷刷”变成“买买买”，短视频平台从一个内容娱乐场演变为超级大卖场。

随着直播电商流量变现能力超强爆发，自 2020 年起平台的流量分配以及各种扶植均导向直播带货。从抖音“兴趣电商”、快手“信任电商”一直到全域电商，短视频内容电商成为平台商业化的核心战场，短视频创作者、内容达人、内容 MCN 纷纷转型求变，将重心转向直播和带货。同时，直播带货转化效果直观、量化的特点使广告主、品牌主的思路也发生了转变，投向内容 MCN 的资源锐减，那些依靠广告为生的短视频达人的生存难以为继。短视频平台日益被电商化所主

---

① 于烜：《2023 中国短视频行业发展报告》，载胡正荣、黄楚新等主编《新媒体蓝皮书：中国新媒体发展报告（2024）》，社会科学文献出版社，2024，第 135—149 页。

导，内容全面电商化在所难免。2022 年抖音带货视频数同比 2021 年增长超 3 倍，抖音《2023 短视频与直播电商生态报告》数据显示，抖音 2023 月 12 月人均带货视频数环比 22 年 1 月增长 33%；2023 月 12 月人均直播场次环比 22 年 1 月增长 201%，人均带货直播场次增长 62%，热门直播间中，43%属于带货直播。本地生活服务赛道上，2023 年抖音发布视频数同比增长 156%，入驻的达人数增长 289%，播放同步增长，产生动销的直播次数同比上升 497%。媒体报道公开数据显示，抖音共有 884 万作者通过直播、短视频、橱窗、图文等形式带货，GMV 破 10 万元的作者数量超过了 60 万。①

在短视频广告增长乏力的背景下，平台发展电商可谓“一石二鸟”，除了 GMV 一路攀升带来收益增长，直播带货也拉动了平台内购广告营销水涨船高，企业、达人为增加直播带货曝光量纷纷进行投流推广，让平台赚得盆满钵满。根据快手财报公开数据，2021 年快手的线上营销服务（广告业务）收入 427 亿元，2022 年全年广告收入为 490 亿元，到了 2023 年广告收入达到了 603 亿元，同比实现增长 23%，其中账号投流产生内购广告收入直接拉动快手整体广告收入的快速增长。

经过近几年的超高速发展，短视频用户渗透率触达天花板，用户规模增长趋于乏力，活跃用户增长的瓶颈难以突破，头部平台商业化进程面临增长收缩的现状，比如，抖音商业收入的增幅由 2021 年的 80%下降到 2023 年的 30%+。随着互联网产业的“降本增效”和短视频存量竞争的加剧，短视频撒币扩张时代结束了，短视频发展的主基调由高投入高增长转向低成本谋增长。在业绩增长趋缓的压力下，必须最大限度谋求存量用户的变现价值，实现单位流量的变现效率。当内容电商成为现有流量变现的核心，在资本和算法合谋下，流量自然会流向满载商品货物的账号、流向这些为平台带来更多金钱收益的内容，“东方甄选”的一夜爆红则是其中的极致范例。“东方甄选”的横空出世堪称抖音算法的杰作之一。“新东方”线上的直播电商业务开始于 2021 年下半年，截至 2022 年 5 月 31

---

① 于烜：《2023 中国短视频行业发展报告》，载胡正荣、黄楚新等主编《新媒体蓝皮书：中国新媒体发展报告（2024）》，社会科学文献出版社，2024，第 135—149 页。

日，公司财报披露直播电商总营收仅为 2460 万元，但到了 6 月，“东方甄选”及董宇辉带货突然一夜走红，之后的短短三个月，公司 GMV 竟高达 20 亿元左右，毛利率近 38%，董宇辉账号的粉丝数从几十万暴涨到 1700 万，也只用了短短的 10 天时间。[①] 尽管“东方甄选”蹿红有着多重原因，但是，作为抖音与新东方联姻试水知识带货的样板，资本授意下的平台算法是背后最大的推手。

总之，为了满足公司商业利益，和资本结合的算法权力源源不断将流量导向能够带来金钱收入的内容，不管是贩卖焦虑还是叫卖货品。这是推荐算法商业逻辑的本质体现。

三、算法逻辑导致公共内容缺失

新闻是公共内容的典型代表。新闻业的合法基石在于向公众提供可信赖的新闻信息服务。新闻专业主义是新闻成为一个行业的根基所在。新闻业以客观真实为原则组织内容生产，客观真实构成了新闻的基础。尽管事实性报道并不是新闻的唯一类型，也不是唯一有价值的新闻内容，但却是整个新闻业的根本意义所在。新闻客观性是一套惯例规则，同时也是一种价值信念。专业主义要求新闻生产秉持客观、公正、中立、平衡的原则进行真实、准确的报道，捍卫公共利益，维护公众权力。

然而，推荐算法的技术逻辑和商业逻辑与新闻的逻辑不相调和，也无法调和。一方面，算法媒体的推荐算法是以满足“个体喜好”为目的进行的归类匹配，算法是效率导向的、用户导向的，目标是为用户提供精准匹配，算法的个体兴趣导向，使具有符合个体动机的、具有超常戏剧感、感官刺激性等满足用户直接兴趣的内容大行其道。而这些内容与以新闻为代表的公共内容的公共性、客观性、真实性、理性等具有本质上不同。算法媒体是受个人动机、需要、欲望驱动的，不是受信息驱动的，因此本质上是娱乐场。另一方面，算法也是商业导向的、资本利益导向的，追求能够带来更多流量的内容和能够带来更多金钱收益的

---

① 于烜：《2022 中国短视频行业发展报告》，载胡正荣、黄楚新等主编《新媒体蓝皮书：中国新媒体发展报告（2023）》，社会科学文献出版社，2023，第 155—171 页。

内容。为了博取流量，那些制造消费快感的娱乐，那些缺乏意义、价值、审美功能的感官刺激、情绪刺激、戏剧刺激的视频占据平台 C 位，而当公众利益与集团利益相左时，算法毫无迟疑置公共利益服务于不顾而服从资本集团利益。为了集团商业利益，推荐算法将平台流量导向捞金的内容，将内容平台变成带货平台，从内容场变成大卖场。

相反，新闻是社会公共服务导向的，新闻专业主义原则不服务于个人、集团、商业利益，新闻是从公共利益出发，旨在提供客观、真实的信息，肩负着引导舆论、教育大众、监测环境、舆论监督等公共功能。推荐算法终极目标和新闻终极理想之间本质的矛盾难以调和。算法媒体既是娱乐场，也是大卖场，但绝不是提供公共服务的信息场。

移动互联网时代，受众整体转向了移动端，商业平台在技术、资本的双重加持下，占据智能传播中的上风，原先居于垄断地位的主流媒体、专业新闻生产机构被降维成为平台众多的内容源之一，和商业 MCN 公司、网红、达人、UGC 等同台竞技，迫使新闻机构也努力尝试改变传统语态和报道手法，力图以故事化、情感化等表达迎合算法。在算法主导内容的流量和流向时，引导主流价值、促进社会进步、有利于公共利益的客观、理性、中立、平衡的表达严重失语，公共性内容沦为边缘。

总之，技术逻辑和商业逻辑下，算法是效率导向、个体导向、娱乐导向、商业导向、资本利益导向；新闻是公众导向、客观导向、公平导向、公共服务导向。算法逻辑与新闻逻辑具有不可调和的矛盾。在算法为王的娱乐场、大卖场里，以新闻为代表的公共内容被边缘和挤压。

本章小结

人工智能融入传播，带来传播的深刻变革。算法平台是“算法为王”。在短视频传播中，推荐算法主导内容与用户的匹配，推荐系统控制内容的流量、流向，用户接收的视频是经过机器过滤、选择、分发的，内容受控于推荐算法。

在算法的主导和控制下，和注意力高度关联的短视频具备共同要素特征，这些要素在故事内容上表现为相关性、戏剧性、本能刺激性，在叙述表达上表现为信息清晰度、信息密度、信息修辞感、信息戏剧感、形式动态感、时间节奏感、即时互动感、信息控制度八个向度。所有共性要素指向用户个体的注意力。

短视频平台是新兴的公共媒体，但是，推荐算法的终极目标一是为优化用户体验服务，二是为公司商业利益服务，两者相辅相成。在算法的技术逻辑下，算法偏向与个体动机相关、戏剧性的、能带来感官刺激等直接兴趣的内容；在算法的商业逻辑下，算法偏向能够带来更多流量、赚取更多眼球、带来娱乐快感的内容，同时倾向于把流量导向能够带来更多金钱收益的内容。算法技术逻辑下的兴趣导向和算法商业逻辑下的商业导向，使公共性、客观性、真实性、理性等特质的公共内容空间被挤压，造成算法媒体上以新闻为代表的公共内容严重缺位。

第四章　算法进化

数据和算法模型驱动的机器学习技术融入信息传播产生了前所未有的变革，推荐算法在提供个性化信息服务、缓解信息过载难题、提高信息分发效率的同时，也带来了一系列问题，引发了人们对算法伦理的关注。在算法的反思中，不同领域的学者从不同角度审视了算法在个人、行业、社会层面的危害和隐患。本书从媒体公共性出发，聚焦推荐算法个人兴趣导向和商业资本导向下公共内容缺失所产生的问题隐患；继而，以促进短视频公共内容生产为目标，探讨推荐算法优化的路径和方向。

第一节 公共内容缺失的危机隐患

第三章分析了短视频平台推荐算法的个人兴趣导向和商业资本导向带来的公共内容的边缘化。短视频是渗透率极高的新兴媒体，公共内容的缺位和缺失会产生怎样的问题和隐患？现从以下三个方面进行讨论。

一、"拟态环境"严重偏离现实世界

早在1922年知名美国新闻人李普曼就提出了著名的"拟态环境"理论，即大众传播所反映的世界，并不是客观世界镜子式的再现，而是大众传播媒介通过对新闻和信息的选择、加工和报道以后所形成的"拟态环境"。李普曼指出，存在于人们意识中的"关于外部世界的图像"在很大程度上来源于媒体提供的"拟态环境"。他警示了大众传播会造成媒介环境与客观世界之间的偏差，以及拟态环境对人们认识外部世界所造成的影响。毋庸讳言，大众传播时代的信息是经过媒体过滤和选择的，但是，在新闻专业主义的准则下，信息选择有着明确的标准，即要求客观、平衡、中立，以尽可能接近事实、反映真实世界。正是在这一准则和信仰下，新闻实践成为一种社会力量，它可以帮助人们了解世界，看清自己身在何处。

但是，在移动互联网时代的智能传播中，客观、平衡原则铸就的新闻大厦的基石被冲垮了。经过推荐算法过滤、选择的信息，具有极强的个人兴趣导向，算法推荐的是表层数据维度下与用户兴趣匹配的信息，那些用户偏好较低的真实而多元的内容则被屏蔽。个体的浏览行为虽然一定程度上反映其兴趣和爱好，但并非代表他的全部需求。有学者将人的信息需求分为整体性需求、群体性需求、个体性需求，推荐算法"投其所好"的逻辑，较好地满足微观环境下内容与人在场景中的适配，[①] 在个体需求层次中发挥着主要作用，然而却难以满足前两类

① 喻国明、耿晓梦：《智能算法推荐：工具理性与价值适切》，《全球传媒学刊》2018年第4期，第13—23页。

信息的需求。现阶段深度学习不具备认知、理解水平，数据驱动模型擅长直接兴趣和无意注意的信息需求的挖掘上，而对于那些间接兴趣和需要付出有意注意所关注的信息，仍无法企及。因此，某种程度上算法分发满足的是一种伪需求。但是，算法“投其所好”无微不至地关照，消弭了控制的外部强制感，人们心甘情愿沉迷于这种随时随地、触手可得的专属投喂中。个体的信息局限、不平衡体现为“信息茧房”（information cocoons），美国学者桑斯坦指出，信息茧房意味着人们只接受自己选择和愉悦他们的东西。[①] 算法推荐造成人们只关注自己感兴趣的信息，进而将自己封闭起来，在自我肯定、自我重复、自我强化的循环中，只接受自己认同的观点，信息或想法在一个封闭的小圈子里不断得到加强，各个圈子间相互隔绝甚至对立。算法投喂给你的很可能是你喜欢的，但却不是真相。

我们知道，互联网经济的本质是流量经济，近年来传播学文献中大量量化研究证明了流量偏向于情绪化、故事化、戏剧化的内容，相对于真实世界，被算法选择的信息存在失衡和失真。此外，算法还受到商业利益和资本利益的驱动，算法控制的信息与新闻真实性要求是背道而驰的，与真实世界相去甚远。以各平台设置的各类热搜榜、头条榜为例，这些发挥着议程设置功能的榜单是技术与资本合谋下的产物，是一种选择性的议程设置，被资本选择的议程往往对真实世界的蓄意扭曲。一方面，热搜榜是平台的一个重要商业营销工具，榜单位置是可以售卖的，不同位置对应着不同的价格，花钱买热搜早已不是什么秘密或潜规则，热搜买卖早已成为各平台的一个公开生意和重要营收来源。另一方面，除了售卖，平台还会根据不同的需要对热搜进行人为操控。如此扭曲下的议程设置所呈现的拟态环境与真实世界必然是渐行渐远的。

算法强调信息传播的效率，但对于新闻来说，效率并非唯一或首要的目标，作为监测环境的手段，媒体更重要的目标是帮助人们全面了解自己生存的环境，而当下的个性化推荐算法服务，很大程度上与之背道而驰。算法平台、社交平台

---

① 桑斯坦：《信息乌托邦》，毕竞悦译，法律出版社，2008，第 8 页。

投喂给你的是你喜欢的、它喜欢的，但却不是真相。今天，在李普曼提出“拟态环境”的警示100年后，拟态环境和现实世界的距离不是越来越接近，相反却是越来越偏离了。

二、媒体公共空间遭到破坏

短视频作为移动互联网时代强势崛起的新媒体，除了产业属性还具有“社会公器”的属性，应该承担社会公器的责任，发挥建构公共空间的重要作用。但是，算法技术逻辑、商业逻辑下公共内容缺位和过度娱乐的信息环境对于公共话语的影响是巨大的。尼尔·波茨曼在其代表作《娱乐至死》中指出电视改变了公众话语的内容和意义，教育、体育、商业和任何其他公共领域的内容都日渐以娱乐的方式出现，并成为一种文化精神，而人类无声无息地成为娱乐的附庸，毫无怨言，甚至心甘情愿，其结果是我们成了一个娱乐至死的物种。如果说波茨曼的《娱乐至死》描述了电视对于公共话语的侵蚀，那么某种程度上，短视频之于公共话语则是一种整体放逐或者驱逐。

六十年前，麦克卢汉提出了“媒介即讯息”的著名论断，在当今新媒体环境中，不仅令世人赞叹，也成为某种警示。他的衣钵传人尼尔·波茨曼解释说，和语言一样，每一种媒介都为思考、表达思想和抒发情感的方式提供了新的定位，从而创造出独特的话语符号。这就是麦克卢汉所说的“媒介即讯息”。但是，波茨曼更正道，“信息是关于这个世界的明确具体的说明，但是媒介和符号，没有这个功能，它们更像是一种隐喻，用一种隐蔽但有力的暗示来定义现实世界”①，从而他更进一步提出“媒介即隐喻”的论断，他认为强势媒介能够以一种隐蔽却强大的暗示力量重新定义现实世界，甚至塑造一个时代的文化精神，人们实际上是生存在媒介所制造的巨大隐喻世界而不自知。在书中，他审视了电视对于美国社会、文化、生活的危害，特别是对公共话语的毁灭性作用，他指出：“随着印刷术退至我们文化的边缘以及电视占据了文化的中心，公众话语的严肃性、明确性和价值都出现了危险的退步。因为这样两种截然不同的媒介不可能传

---

① 尼尔·波兹曼：《娱乐至死》，章艳译，广西师范大学出版社，2004，第11页。

达同样的思想。”① 今天，面对铺天盖地的、无孔不入、沉浸式泛滥的短视频，波茨曼的这些思想和论述显得愈发振聋发聩。

短视频起源于低门槛的 UGC，从诞生之日起就是一个娱乐应用，这一媒介性质决定了其承载内容的娱乐化、日常消遣性和凌乱琐碎。在流量驱动下，超常戏剧感、感官刺激性短视频内容受算法引导而愈发弥漫，从而造成娱乐的沉浸式泛滥。沉浸式泛滥的视频让用户深陷其中，难以自拔，它们会在不知不觉中偷走你的时间，消磨你的意志力，摧毁你向上的勇气。在媒体的涵化功能作用下，用户沉迷娱乐而逐渐被娱乐洗脑，思维日益肤浅、麻木、退化。早在短视频攻城略地之时，就有人将其视为“精神鸦片”而进行质疑和批判。随着短视频平台商业化加速和内容电商的崛起，从内容种草到直播成交收割，短视频内容电商跑通了从流量到变现的通路，短视频平台“无带货不视频”，内容全面电商化。抖快平台上的亿级用户从“刷刷刷”变成“买买买”，短视频平台成为综合大卖场。

无论是娱乐场还是大卖场，留给公共内容的空间必然是极度逼仄的、边缘的。一个公共内容缺失的媒体何来公共话语，何来思辨与批判？公共参与精神的培育从何谈起？意见表达的多元空间又在何处？当下的短视频平台上，媒体公共空间的作用降到冰点。

尽管，网络空间在扩大，媒体平台在倍增，尽管有人说网络传播具有互动性，高速度和国际性，但毋庸置疑，公共领域缩减的趋势正在发生，且愈演愈烈。

三、社会整合遭受威胁

任何社会都需要某种集体认同感和共识，缺少了这种共识，社会将会分崩离析。以传统媒体为代表的大众传媒具有把不同阶层、人群、族群凝聚起来、形成社会共识的作用。媒体承担着社会整合的重要功能，在传递国家主流意识形态、建构国家认同方面发挥作用。著名英国学者戴维·莫利教授早年关于大众传播的

① 尼尔·波兹曼：《娱乐至死》，章艳译，广西师范大学出版社，2004，第 33 页。

研究表明，电视能够连接家庭、国家和国际，维持了“国家家庭”（National Family）等各种共同体的形象和现实。

在当代中国的社会进程中，大众传播发挥了重要的社会整合作用，特别是在社会转型期发挥了社会凝聚的功能。在中国由计划经济向市场经济转型的进程中，出现了社会各阶层日渐分化，原来的“总体性社会”产生了裂变，“分化”二字体现了社会转型的总特点，原本整合个人和国家社会的价值体系被弱化了，导致了新旧观念的矛盾乃至冲突。对于转型期的中国社会，大众传媒在达成共识和集体认同上发挥了重要作用。以中国的电视媒体为例，各种形态播出电视节目，大型晚会如历年电视春晚，大型电视直播如大阅兵、香港回归、澳门回归、奥运开幕式等，电视专题片如“舌尖上的中国”“国家宝藏”，等等，这些电视节目对社会凝聚力的形成都产生了不同程度的直接的影响。

但是，在移动互联网时代，一面是传统主流媒体的影响力日益边缘化；另一面是推荐算法以个体兴趣为导向的传播大行其道，结果是人们乐于蜷缩在各自的“信息茧房”，只选择愉悦自己的内容，并且固守符合自己偏好的信息和意见圈子而相互隔绝，甚至对立。[①] 学术界将信息或观点在一个封闭的小圈子里得到加强的现象，形象地比喻为“回声室效应”，已有的研究结论不同程度地表明，社交媒体强化了分化而不是整合。在算法平台，非理性、偏见的、煽动性、断章取义的，甚至极端的、虚假的信息以个性化的旗号得以大肆传播，从而正在解构主流的价值和共识。

综上所述，“拟态环境”的偏离、公共空间的破坏和社会整合的受损是算法平台公共内容缺失带来的后果。如果你获取信息只是你喜欢的，不是真相，这个世界只有个体现实，而没有共识现实，没有思辨、讨论、批判的空间，无法形成共同看法和共识，会发生什么呢？如果每个人都以完全不同的方式看待世界，又会发生什么呢？面对人工智能的潮涌和算法的控制，我们已经到了不得不做些什么的时候了。至少我们应该警醒，应该高声呐喊：算法需要进化。

---

① 彭兰：《更好的新闻业，还是更坏的新闻业？——人工智能时代传媒业的新挑战》，《中国出版》2017 年第 24 期，第 3—8 页。

第二节　算法需要进化

数据、算法是智能传播的底层支撑，是人工智能的核心要素，在当下“弱智人工智能”阶段，推荐算法不可避免存在技术局限。本节首先简要回顾了人工智能的发展的重要历程，继而分析两代人工智能各自的特点和局限，之后回到短视频媒体，从促进公共内容传播出发，提出推荐算法进化的两个路径。

为了深入了解当下推荐算法的缺陷，我们需要到人工智能的历史发展中去寻找问题的症结。

一、人工智能的发展阶段

“什么是人类智能，到现在全世界都没有搞清楚，因为我们对大脑了解太少，我们甚至都不了解一条蠕虫的大脑”。这是中国科学院院士、中国人工智能研究奠基人、清华大学教授张钹在2024年春季“人文清华”讲座公开演讲时的开场白。关于人工智能，国际AI领军人物、英国国宝级学者、牛津大学计算机学院院长伍尔德里奇教授说：事实上，我们根本不知道人工智能想创造的究竟是什么[①]。既然科学家连人类智能是什么的问题都尚未达成共识，那么人工智能又如何实现呢？

纵观人工智能探索的历史进程，关于人工智能的研究大体有两个思路，走出了两条不同的道路（见图4-1）。一条是行为主义路径，这是机器智能的路径，这一思路主张用机器模拟人类的智能行为。这里需要将人类的智能和智能行为做个区别，两者是不同的概念，智能是内在的，智能行为是智能的外部表现。因为行为、表现可以被观察，所以能够进行模拟。这一路径追求的目标，是机器行为与人类行为的相似性，而不是机器智能与人脑内部工作原理的一致性，也就是说，这种机器智能和人类智能并非同一回事，它也不追求与人脑内在的一致性。机器智能使用的方法论，是脑启发下的计算（Brain-inspired Computing），而非类

---

① 迈克尔·伍尔德里奇：《人工智能全传》，许舒译，浙江科学技术出版社，2021，第314页。

脑计算。另一条道路，称为内在主义，也称心灵主义。不同于行为主义，这一学派主张用机器模拟人类大脑的工作原理，追求机器与大脑内在机制的一致性。其方法论是类脑计算（Brain-like Computing）。

图 4-1　人工智能研究的两条道路

图片来源：张钹教授讲座 PPT。

在人工智能研究中，两条道路不分对错，都在进行各自的探索，但就目前的研究进展看，行为主义是主流，成果也较突出，比如风靡全球的 ChatGPT；心灵主义则是少数派，研究进展也较少。

在对人工智能版图有了总体的了解之后，我们需要从时间上简要回顾人工智能发展的重要历程。

人工智能作为一门学科诞生于 1956 年。那一年夏天，克劳德·香浓、约翰·麦卡锡、马文·明斯基和纳撒尼尔·罗切斯特等一群 20 多岁的年轻学者来到麦卡锡任职的美国达特茅斯学院，这些来自数学、计算机科学、认知心理学、经济学、哲学等不同学科的最聪明的大脑召开了一次类似头脑风暴的研讨会，会议被称作“达特茅斯夏季人工智能研究会议”。尽管这一暑期研讨会并没有实质性成果，但“人工智能”（Artificial Intelligence）这个名称由此确立。学者们提出的研究问题——机器能像人一样思考吗？开创了一个人类崭新的研究领域。

从 1956 年至今，在短短的不到 70 年时间里，人工智能在繁荣和萧条中起起落落，在坎坷中前进，在重创中复兴。经历了第一代 AI 和第二代 AI 两个阶段的艰难探索，取得了前所未有的成果（见图 4-2）。

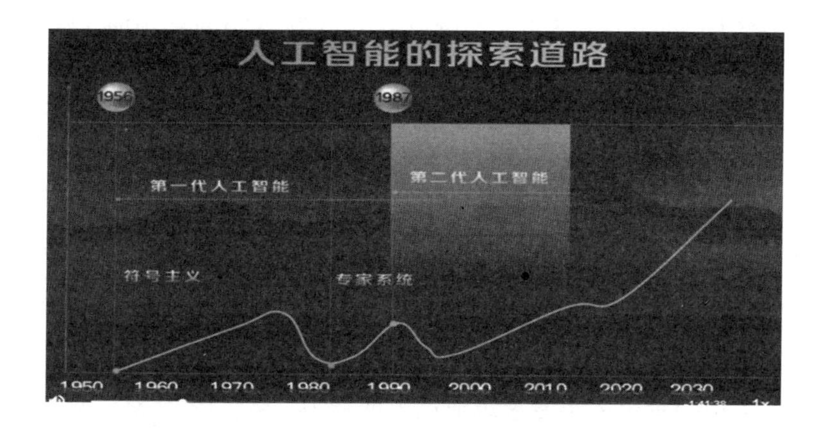

图 4-2 人工智能的发展阶段

图片来源：张钹教授讲座 PPT。

1. 第一代人工智能：符号模型

第一代人工智能，是基于知识与经验的符号推理系统，也称符号主义 AI。第一代人工智能是符号模型，符号模型是关于人类理性行为的计算模型，模型的核心是知识驱动。

机器能像人一样思考吗？这是第一代 AI 研究的原点，其目标是设计一个会思考的机器。人类的思考行为，比如推理、决策、诊断、设计、规划、创作、学习等这些智能行为，是一种理性行为。科学家认为人类的理性智能来自知识，因为知识是智慧的源泉，人类是通过知识和经验并运用推理的方法进行思考的，这里的知识指理性知识，推理是从已有知识推导出新的知识。按照这个思路，第一代 AI 研究者致力探索基于知识与经验的符号推理模型，模型的核心是知识，这就要求研究者人工编制各类知识库。机器系统中的知识是通过符号来表示和进行推理的，所以，第一代 AI 也称符号主义 AI。

1956—1974 年，美国人工智能研究活跃，经费充足，被人们寄予无限希望，社会舆论充满了乐观氛围，似乎一切皆有可能，因此，这一时期被称为人工智能的"黄金年代"。这一阶段，科学家以"分而治之"的策略，尝试从不同层面分别构建人工智能所必需的每一种智能系统。建造各种能够表现智能行为能力的组件，成为研究人员的共识和方案。当时间来到20世纪70年代中期，现实中人工智能研究并没有多少有意义的进展，没有获得预期成果，研究陷入了令人沮丧的停滞期，直到"专家系统"诞生。"专家系统"是利用人类的专业知识来解决特定的、狭义领域问题的模型，是一个知识驱动的模型。专家系统中最具代表性的一个成功案例是斯坦福大学MYCIN系统，这是一个帮助医生对住院的血液感染者进行诊断、治疗的人工智能。经过评估，在血液疾病诊断方面，MYCIN的表现与人类专家相当，并且高于普通医生的水平，这是人工智能系统首次在具有实际意义的任务中展示出人类专家级或以上的能力。MYCIN专家系统成果表明，人工智能在完成某些特定领域的任务方面能优于人类，更重要的是，这一成果首次向世界证明人工智能是可以应用于商业领域的。

但是，不可回避的问题是构建专家系统非常困难，不仅费事而且费力，最主要的难题是后来被称为知识获取的问题——如何从人类专家那里提取知识并以规则形式编码？事实证明，构建和部署专家系统比最初想象的困难得多，而且基于知识的人工智能实际应用也非常有限。到了20世纪80年代末，专家系统的繁荣结束了。

2. 第二代人工智能：人工神经网络

人工神经网络，指一种利用人工神经元进行机器学习的网络，是机器学习的一种特殊方法。人工神经网络顾名思义，是从大脑神经元的结构中获取灵感，并以此结构为基础构造智能系统中的组件，模拟人类脑神经的工作原理。

如前所述，第一代AI是知识驱动的，主要用于模拟人类理性行为，依靠逻辑推理。但是，人类理性行为之外的还有感性、情感行为，对此第一代AI显然力不从心，但人工神经网络则显示出了明显的优势。

我们说知识是智慧的源泉，通过教育获得的理性知识是理性行为的基础。但是，理性知识以外的感性知识和经验，并非源于书本学习和知识传授，而是通过人的感知获得的。比如婴儿如何认识自己的母亲？人类婴儿时期对于母亲的认知，显然不是来自理性学习，它属于感性知识的范畴。如果用知识驱动的符号模型，就需要建立知识库，而科学家面临的难题是：如何对感性概念进行描述、定义？因为对于每一个感性概念，都需要用新的概念去描述，而这些新的概念又会产生更多的新概念。张钹院士举了一个生动的例子，如何用自然语言描述马？如果描述为“马有四条细长腿”，其中“四”“细长”这些概念又需要进行描述，当描述这些概念时，必然会涉及更多的其他新概念，因此，感性概念是难以用自然语言定义和描述的。总之，采用知识驱动的符号模型无法完成人类感性行为的模拟。科学家认为要解决这个问题，需要回到人类自身，即要明白人类的感性知识来自何处？人是如何获得感性知识的？尽管，对于人类感性知识获得的脑过程，我们还不完全了解，但有一点是肯定的，即感性知识的获得是建立在大量视觉、听觉输入基础上的，人类在大量观察中建立了视觉基础，在大量倾听中建立了听觉基础，这也正是两岁前的婴儿认识世界的唯一方式。总之，人类是通过大量观察和倾听的积累，并在这一过程中逐渐感知世界的。

第二代 AI 就是模拟人类这种感性知识的学习过程——输入海量图像、声音，让计算机自行进行感知学习。那么计算机如何进行学习，如何做到观察和倾听？答案就是通过人工神经网络！神经网络是机器学习的一种特殊方法。人工神经网络将智能问题转变为数据计算问题，用人工神经网络对数据进行分类，将识别问题转变成分类问题。不同于知识驱动的第一代 AI，第二代 AI 是数据驱动的。

机器学习是人工智能的一个分支领域，机器学习的目标是让程序能够从给定的输入中计算出期望的输出，而不需要给出明确的方法。在过去 60 年的绝大部分时间里，机器学习一直是在一条独立的道路上发展的，作为一个学科领域拥有和 AI 一样长的历史，其分支也同样庞大，研究者曾尝试过各种机器学习技术，不过最后的成功源自深度学习。深度学习是机器学习的突破性技术。

深度学习源于早期的人工神经网络（英文简称 ANN）。牛津大学的伍尔德里奇教授将人工神经网络研究分为三阶段，第一阶段的研究最早可以追溯到 AI 出现以前的 20 世纪 40 年代，成果是建立了一个简单的数学模型。在随后的 50 年代，罗森布拉特在此模型基础上创造了第一个“感知器模型”，感知器的研究主要集中在单层网络上。早期的人工神经网络虽然给予了人们很多遐想的空间，但却解决不了实际问题，以至于从 20 世纪 60 年代后期到 70 年代初期，这项研究就被美国政府经费管理部门打入冷宫，因为它花掉了很多钱，却没有取得实质性的成果。由于没有人知道如何训练多层神经网络，也不知道如何找出神经元之间的链接权重，神经网络研究停滞不前，当然也鲜有实际应用，这种休眠状况一直持续到20世纪80年代。此时，一个名为“连接主义”的神经网络出场了，并为人工智能研究带来了新的转机。20世纪80年代，计算机成本大幅下降，英特尔微处理器性能提升，分布式并行处理成为可能，这就使“连接主义”能够聚焦多层神经网络，人工神经网络研究开始复苏。但是，由于人工神经网络的一些根本性问题没有解决，对于复杂问题依然束手无措，不久之后这个领域的研究再次遇冷，直到21世纪初，人工神经网络才取得实质性的突破。推动第三阶段神经网络研究浪潮的关键技术是“深度学习”，也称深度神经网络。2010谷歌率先开发出了深度学习工具——谷歌大脑，之后出现了很多类似的深度学习工具。

深度学习是21世纪出现的推动机器学习的突破性技术。21世纪以来，在不到10年的时间里，人工智能突然从一潭死水被炒得炙手可热，这突如其来的巨大变化，就是由深度学习所推动的。深度学习的快速发展带来了人工智能研究和应用的再次繁荣。深度学习的特点是更深层次的结构、互联性更高的神经网络，以及更庞大、更精心策划的训练数据。

近年来机器学习的成功来自深度神经网络技术。神经网络的深度学习模式成功的一个关键在于更深的网络层级、更庞大的神经元结构、更广泛的神经元连接。随着云计算的兴起，实现非常大规模的，也就是网络层次非常深的人工神经网络成为可能。深度学习不仅体现在网络“深度”，还在于其更庞大的神经元结构，1990年的神经网络只有大约100个神经元，到了2016年已经指数级增长到了100万个，与蜜蜂大脑大致相同（人类大脑约有1000亿个神经元）。此外，深层次网络中，每个神经元有了更多的连接，连接数量更广泛，20世纪80年代每个神经元与其他神经元产生150个链接，而近几年的神经元已经和猫大脑神经元的连接数相当了。

在大数据出现之前，人工智能并不擅长解决人类智能问题，今天AI取得的成果有赖于大数据。深度神经网络成果的核心是将智能问题变为数据问题。深度学习，必须有大数据的支撑，从数据的收集和挑选、数据的预处理、数据的变换（变成计算机能够处理的形式）到数据挖掘，每一个环节都依赖数据，没有大数据，深度学习就是无源之水。得益于20世纪90年代互联网的兴起，数据获取变得容易，特别是21世纪以来，数据量指数级剧增，使数据驱动的AI优势越来越明显，当获得了大量的、多样性的、较完备的数据时，智能问题便能转化为数据处理问题，计算机也因此变得聪明起来，比如两个超级计算机IBM的“深蓝”和谷歌的AlphaGo，将下棋问题变成数据和计算问题得以取得胜利。此外，深度学习必须有算力做基础，深度学习发挥作用的另一个核心要素是计算机的处理能力。1996年IBM的计算机“深蓝”在和国际象棋世界冠军对弈中先声夺人拿下第一盘，虽然总比分输了，但这是计算机第一次在国际象棋中战胜人类赢下棋局，标志着AI研究开始走向成熟。“深蓝”成功的一个重要因素在于它的计算力。“深蓝”是一台超级计算机，依靠巨量的计算力完成工作，当年“深蓝”赢得棋局时，有不少批评家说“深蓝”是靠野蛮的计算力取胜的，不算是真正的AI。尽管这一评价过于外行，但这从一个侧面反映出算力在机器学习中的重要性。训练一个深度神经网络，工作量巨大，计算任务繁重，需要强大的物质基础，强大的计算机处理器显然是必不可少，这就使GPU（图形处理器）成为当今人工智能竞赛中兵家的必争之物。过去，计算机的硬件条件跟不上，不仅速度不够快，而且能耗太高，无法通过大量服务器搭建并行计算系统，这些都是深度人工神经网络发展的障碍，这也是90年代中期“连接主义”研究失利的主要原因。总之，计算力不够强大，无法承载新技术，是阻碍神经网络研究的一个重要因素。因此，算力被称为AI时代的石油。

不同于知识驱动的第一代AI，数据驱动的第二代AI获取智能的方式并不是靠逻辑推理，而是靠数据和智能算法模型。它通过深度学习从数据中获得知识，当数据量足够大之后，智能问题可以转化为数据处理问题。比如计算机下棋，自动驾驶汽车，背后是数据中心强大的服务器集群，在服务器集群内部，是大量数据和将现实问题转化为计算问题的数学模型。数据驱动人工智能的最佳案例当属2016年的谷歌超级围棋计算机AlphaGo——一个是用深度学习工具“谷歌大脑”

(Google Brain) 开发的应用，2016 年 AlphaGo 以 4：1 的压倒性胜利战胜了围棋世界冠军李世石，堪称 AI 历史的里程碑。数据方面，谷歌当年采用了几十万盘围棋高手之间对弈的数据来训练 AlphaGo，这是它获得智能的原因。在计算方面，谷歌采用了上万台服务器来训练 AlphaGo 下棋的数学模型，并且让不同版本的 AlphaGo 互相对弈了上千万盘，具体的算法模型没有人工规则干预，完全靠机器自我训练。可见，没有深度学习，就没有 AlphaGo 的成功。表面上，下围棋看似一个智能水平的问题，本质上则是一个大数据和算法的问题。

算法、大数据、计算能力三个核心要素使数据驱动的 AI 大获成功。1994 年到 2004 年的十年里，AI 语音识别的错误率减少了一半，机器翻译准确性提高了 1 倍。2011 年，符号模型下 AI 图片识别错误率高达 50%，到了 2015 年，深度学习识别图像的错误率仅为 3.57%，甚至比 5.1% 人类错误率还要低。① 2016 年，谷歌 AlphaGo 的胜利更是开创深度学习 AI 的里程碑。在实践中，深度学习能够实现分类（如人脸识别），关联关系（AI 翻译）、预测、生成等产业应用（见图 4-3）。今天计算机可以解决更多的智能问题，如医疗诊断、无人驾驶、撰写新闻、回答问题、文生图、文生视频等，特别是 2022 年年底横空出世的 ChatGpt 和 2023 年惊艳亮相 Sora，人们感到遥不可及的通用人工智能（GAI）似乎并不遥远了。

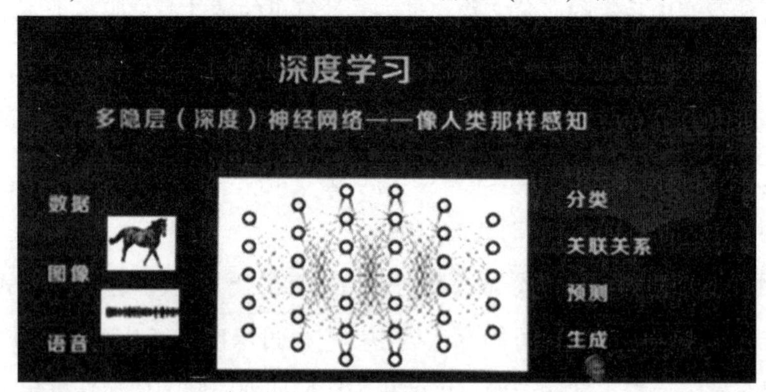

图 4-3 深度神经网络

图片来源：张钹教授讲座 PPT。

---

① 数据来源于张钹教授演讲 PPT。

然而，必须正视的是，在通往胜利的道路上还有很多基本问题没有搞清楚，以深度学习为例，为什么当神经网络的层次不断加深之后，机器学习的效率就好，这一现象至今仍然无人能解释清楚。科学家的共识是，当下的人工智能依然处在技术革命的早期阶段，还有很长的路要走。

二、人工智能的发展局限

第一代 AI 符号模型的三要素是知识、算法、算力，核心是知识驱动。在第一代 AI 的优点中，或许最重要的一点是其过程的透明性，它模仿人类的思考过程，第一代人工智能让机器像人类一样进行逻辑推理，整个过程是透明的、可理解和可解释的。但是，知识驱动模型的劣势也很突出，那就是模型与客观世界脱离。计算机没有从外部直接学习的能力，无法从外界直接获取知识，知识是需要人提供的，所有知识均来自人工。那么，人如何把知识传授给计算机？当时的计算机不懂自然语言，因此，必须有能和机器交流的系统，才可能构造出算法模型。然而，构建专家系统事实上非常困难，以 MYCIN 为例，这个仅局限在血液传染病领域的小型专家系统，就历时大约 3 年半之久。总之，第一代 AI 难以解决知识获取的问题，难以解决如何从人类专家那里提取知识并以规则的形式进行编码这一问题。

相比第一代符号模型，第二代数据驱动的 AI 优势非常明显，最突出的优势莫过于机器学习具备直接从物理世界的大数据中学习的能力，因此，智能效率得以极大提高。但是，第二代 AI 的局限也同样突出。第一，深度学习用深度人工神经网络对数据进行分类，从而将识别问题转变成分类问题，然而，深度学习技术通过数据分类进行物体识别，自身并不具备识别物体的能力，只能做到区别物体。机器不懂语义，仅仅具备了人类感觉的能力，远没有提高到认知（Concept）水平。以 AI 翻译为例，计算机并不懂语法也不知晓语义，但它可以通过数据关系，比如，同义关系、反义关系、归属关系、包含关系、同类关系，部分整体关系，主题共现关系等（如 fish/water，fish/bank，fish/chips），即词语之间的关联关系进行翻译。又比如，计算机既不认识狗，也不认识雪山，却能通过分类对两者做出识别。但是，如果对图像稍加细微的修正，对人类而言，这种改动完全不会影响图像的正确识别，但这一改动却完全可能导致机器进行错误分类，从而做出误判，例如，将“雪山”做一点细微改动以后，该图像就被 AI 识别成了“狗”。这体现了深度学习 AI 缺乏系统的稳定性。第二，相比第一代 AI 的透明性、可解释性，深度学习的智慧是不透明也无法解释的。比如符号模型下“专家系统”，所有的结论都是可以追溯和解释的，但是，通过深度学习得到的结论却无法解释，比如 2016 年谷歌 AlphaGo 战胜了韩国围棋冠军李世石，至今也无人能解释它落子的根据。深度学习是在“黑盒”中进行的，无法用人类能够理解的方式解释或者说明它的决策。总之，第二代 AI 不具备语义认知和理解的能力，在实际应用中带来不安全、不可信、不可控、不易扩展、不可解释的局限。

人工神经网络相对人类大脑在很多方面是千差万别的，有些差异甚至我们现在都还没有意识到。国际人工智能领军人物伍尔德里奇教授在《人工智能全传》中写道：

“我们的目标是建造真正具有意识、具有思维，能够拥有自我意识和理解力的机器，与我们自身非常相似……然而，人类思维和意识这种现象，它们是如何进化的，如何工作的，甚至它们是如何在我们的行为中扮演控制角色的——对我们而言，是完全神秘的。这些问题我们不知道答案，连寻求答案的方式都不太清楚。目前只有一些线索，以及大量的猜测。事实上，如果这些问题有了明确的、令人满意的答案，我们就能够从科学意义上理解宇宙的起源和命运。正是这种根本性的缺乏使强人工智能离我们如此遥远——我们都不知道该从什么地方着手。”①

尽管当今人工智能发展日新月异，但我们也必须清醒地看到，相对于“强人工智能”这一理想的终极目标，我们将在一个很长的时期处于“弱人工智能”阶段。21 世纪以来，AI 主流研究领域取得了重大突破，机器可以模拟出人类某些相应能力，可以完成特定的任务。但是，如何获得、何时具备人类的认知和理

---

① 迈克尔·伍尔德里奇：《人工智能全传》，许舒译，浙江科学技术出版社，2021，第 285 页。

解能力（意识、思维、自我意识等），仍然是一个遥远的未知。

在“弱人工智能”阶段，深度学习只具备“算法+数据”的能力，机器不懂语义，达不到理解和认知水平，这是技术自身的局限。尽管图片标注计算机可以通过识别关键元素进而识别图片上的主体人物，但它并不认识这个人，更不了解这个人。人类的认知、理解是基于一个人在世界上存在的经历、经验，而AI仅限于将某个输入映射到某个输出，这种映射的能力完全不能等同于我们人类的理解能力。由于机器不懂语义，无法理解，所以，它既不理解自己翻译的句子，也不认识自己识别的图片。现阶段，通过大量投喂数据，推荐算法的精度比较过去提高了很多，但是，仅通过数据输入、输出的简单映射关系进行分类，推荐算法根本无法解决海量数据之间的深层次语义上的关联关系，对于那些间接兴趣所关注的信息根本无法企及，因此，也就无法挖掘出用户真实的、潜在的、多样的喜好和需要。

同时，机器学习还存在算法偏见的问题。谷歌第一代自动相片标签系统曾将非洲裔人错误识别为大猩猩，从而引起广泛争议。算法偏见是指计算机程序在决策过程中表现出的某种形式的偏见的情况。原因是可能使用了有偏差的数据集进行训练，或者是算法设计不当，也或者历史偏见。机器获取信息的途径是数据，偏见就是通过数据引入的，机器学习程序使用数据进行训练，如果数据本身就存在偏差，那么程序也将学习数据中的偏见，如果程序的训练数据不具有代表性，那么该程序的决策将出现偏差。推荐系统存在不同的算法偏见，比如，流行性偏见，算法往往将热门内容频繁推荐给用户，而其他非热门的可能被忽略，随着时间推移，热门内容得到积极反馈，流行性偏见可能会被加强。内容过滤偏见，算法根据历史浏览，或用户的初始兴趣，反复、过度推荐某类内容，比如，有人并不喜欢足球，只是偶然原因看了几个足球视频，结果遭到无数足球比赛视频的骚扰。用户画像偏见，算法在为用户构建标签时，仅基于年龄、性别、地域等表面特征，而忽略了真正兴趣，如将年轻女性归类为喜欢美妆、时尚的群体，忽略个体差异。

综上所述，由于深度学习自身存在的局限，目前社交平台、算法平台上普遍应用的推荐算法擅长直接兴趣和无意注意下信息需求的挖掘，满足微观环境下内容与人在场景中的适配，也就是只能做到对用户表层兴趣的投其所好，而却无法挖掘、满足用户内在的兴趣。

让我们再进一步，如果将来人工智能的技术完全可以做到弄清楚你的喜好，推荐算法完全可以向你展示你喜欢的内容、隐藏你不喜欢的，那么，你面前的世界将是怎样的？你会得到多渠道的、公正的信息吗？你看到的是一个真实的世界吗？这是你所希望的吗？如果你的回答是否定的，你不希望被操纵、被控制，不管这种操纵是蓄意还是偶然，那么你的愿望能实现吗？如何才能得偿所愿？这就是接下来要讨论的内容：推荐算法进化的路径。

三、推荐算法的进化路径

毋庸置疑，短视频平台是当今渗透率极高的全民级的新媒体平台，媒体的公共属性要求平台承担社会公器的责任、义务，需要传播客观、真实的信息，需要凝聚社会共识，需要促进社会进步，除了满足个性化需要，推荐算法还应该体现出公共性。本节以促进公共内容的传播为目标，从人工智能技术突破以及规则引入内外两个方面，探讨推荐算法进化的路径。

1. 人工智能技术突破

推荐算法的进化有赖于人工智能技术的再次突破。如前所述，数据驱动的深度学习模型的重要缺陷在于机器不懂语义，达不到理解和认知水平，无法挖掘数据之间的深层次语义层面的关联关系。要摆脱这个根本性局限，仅靠更庞大的神经网络，更强大的处理能力和训练数据等这些量变层面的提升无济于事，根本问题的解决需要 AI 技术的再次突破，也就是说，在人工智能研究领域需要至少和当年深度学习一样的技术突破，需要在“数据、算法、算力”的现有模式上进行突破。

在后深度学习时代，AI 前沿研究开始了向第三代人工智能的迈进，目标是构建可解释与鲁棒（稳健）的 AI 理论和方法，实现可信、可靠、可控、可扩展的 AI 技术。以张钹院士领衔的清华大学为代表的中国科学家团队，提出第三代

AI的四个核心要素：知识、数据、算法、算力，将知识、算法、算力为核心要素的第一代AI和数据、算法、算力为核心要素的第二代AI相结合，旨在取知识驱动AI之长补数据驱动AI之短。AI国际领军人物伍尔德里奇教授提出，“必须消除明确表示知识的世界和深度学习与神经网络的世界之间的隔阂”[①] 可见，将知识引入深度学习模型是海内外科学家们的共识。当形成了相互关联的一系列知识谱图，AI技术能够破解语义层面的联系，在数据间找到并建立起相应的联系，才有可能挖掘出用户潜在的各种需要，改变目前数据输入到输出简单映射的状况，从而弥补当前信息传播中推荐类算法的缺陷。

目前清华大学AI团队和国际前沿的研究同步，开始进行第三代人工智能的探索，正在沿着“知识+数据+算法+算力”方向，进行基于知识图谱的相关研究。未来，新一代人工智能的技术突破将是实现推荐算法进化内在路径。

2. 算法导入规则

算法中导入规则，以“算法+规则”从外部促使推荐算法优化。算法平台是资本驱动的商业平台，目的是流量和盈利，追求效率，追求内容、广告与用户的精准匹配，平台自身并没有作为媒体并履行媒体责任的需要和动力；相反，为了公司利益，算法更多的要体现商业资本的意志。因此，借助外部规则，在算法中导入规则，以促进公共内容的生产和分发，就显得十分重要了。

推动人工智能伦理建设是一个国际性难题。大企业投资AI旨在取得竞争优势，为股东和资本带来利益，并非要造福全人类。早在深度学习浪潮席卷世界之时，一批有识之士高瞻远瞩，已经预见了人工智能这一双面利剑存在的伦理隐患，并致力于AI道德约束。最早的有影响力的AI道德框架是“阿西洛玛人工智能准则”，它是一批AI科学家和媒体人士于2015年在美国加州度假胜地阿西洛玛确定的，阿西洛玛准则所涉及的内容对后来AI伦理建设产生重大影响。2018年，谷歌公司发布了自己的AI道德指南。2018年年底欧盟和IEEE（电气和电子工程师协会）也分别提出各自的框架，2019年4月欧盟正式发布了AI伦理准

① 迈克尔·伍尔德里奇：《人工智能全传》，许舒译，浙江科学技术出版社，2021，第195页。

则，应该说这些准则无不寄托着人们的美好愿景。对于 AI 准测，各大公司纷纷积极表态，欣然承诺，公司也由此享受了企业形象正面提升的益处，但是，我们必须清楚地认识到，不费吹灰之力的承诺是一回事，而兑现承诺、转化为行为却并不容易。

在中国，很长一个时期里，人工智能领域缺少规范的、公认的伦理准则，行业自律也几乎处于空白状态，各个利益集团从自身利益出发野蛮增长，抢夺市场，抢占资源，构建商业帝国。直到 2021 年 9 月才有了第一个国家规范——《新一代人工智能伦理规范》，这个由国家新一代人工智能治理专业委员会制定的规范无疑是十分必要的。但是，在智能传播领域，仍然缺乏公认的行业准则。就 AI 在传播领域的应用而言，制定一个行业准则来规范行业的健康发展迫在眉睫。目前国内大多数讨论都集中在“社会责任原则”“真实原则”“客观原则”“公正原则”和“善良原则”等维度，也有学者提倡应该将“公平、准确、透明、可解释、可审计、责任”等原则囊括进算法责任伦理体系，认为算法的设计要体现社会公平，考虑社会的多元性和不同价值观。这些讨论无疑很有价值，也十分必要。但同时我们也要看到，即使制定了完美的准则，在实际执行上也极有可能回到“理想很丰满、现实很骨感”的无奈。因此，将准则引入到推荐系统，形成“算法+规则”模型，即在深度学习算法模型框架中，融入新闻专业主义价值观及理念，改变只求推荐算法匹配“精度”的这个唯一标准，增加“广度”指标，形成“精度+广度”综合评价标准，并在此标准指导下，设计算法模型，实现内容的“非歧视性关联推荐”。

非歧视性关联推荐就是指针对同一选题、主题、话题的内容，将不同信源、不同观点、不同报道角度等多元内容推荐给相应的用户，而不仅是做个体兴趣导向的推荐。目前对个性化推荐算法的评价标准，是从用户体验出发的，以算法效率为导向，强调匹配的精度，即算法迎合用户个性化兴趣的准确度。但是，只有精度远远不够，从实现新闻传播客观、平衡的要求出发，需要分发更加丰富、多样的内容，让观点多样、角度多样、信源多样、品类多样的内容到达用户。因此在算法评价指标中，除了匹配用户需求的精度，还需要考虑从内容端出发，考量算法内容分发的广度，形成一个精度+广度的综合标准，并在此评价标准下改进算法模型，从而实现对内容的“非歧视性关联推荐”。

除了用户体验的优化，推荐算法另一个目标就是服务公司的商业利益，显而易见，仅仅依靠算法平台自身难以实现规则导入，算法+规则的实现，需要政府方、平台方、学界等达成共识，多方推动，共同努力，最终形成一个可行的智能传播算法评估体系。可喜的是，国家主管部门已开始着手进行相应的实践和探索。比如，在国家广播电视总局主办的首届广播电视和网络视听人工智能应用创新大赛中，“智能推荐类”比赛明确了比赛要点是为提升网络视听传播力、引导力、影响力、公信力进行算法创新，这就改变了仅仅将算法精度作为评价标准，明确将主流价值的传播作为推荐算法的重要评价要素，这对于将规则引入算法，以及未来评价标准的最终制定，无疑都是一种积极的尝试和推动。

综上所述，推荐算法进化有赖于AI技术自身的再次突破，有赖于算法掌控者的价值伦理的培养，有赖于监管部门的标准规范。对于算法的进化，如果说技术突破需要一个较长时期的努力，那么算法导入规则，通过算法评价指标改进推动算法模型的设计改进，则是现阶段引导算法实现优化升级的有效途径。

本章小结

推荐算法的个人兴趣导向和商业资本导向导致了短视频平台公共内容的边缘化。媒体公共内容的缺失造成“拟态环境”偏离、公共空间破坏和社会整合受损等社会问题和隐患。作为新兴的全民媒体，短视频平台需要承担社会公器的责任和义务。除了满足个性化需要，推荐算法还应该促进公共内容的生产和传播。算法需要进化。

算法进化的第一个路径有赖于人工智能技术的再次突破性革命。算法是当今人工智能的核心要素，在当下数据驱动的深度学习模型框架下，算法存在技术缺陷。深度学习只具备“算法+数据”的能力，机器不懂语义，达不到理解和认知水平，只是通过数据输入、输出的简单映射关系进行分类，换句话说，机器并不认识物体，是通过分类进行识别和判断。这就决定了推荐算法无法解决海量数据之间的深层次语义层面的关联关系。由于深度学习自身的局限，推荐算法只能做到迎合用户表层的喜好，无法挖掘、理解和满足用户的真实兴趣。因此，要解决这个根本性局限，需要 AI 实现技术突破，需要突破第二代 AI“数据、算法、算力”的模式，需要借鉴第一代 AI 优势，引入“知识”元素，进行基于知识图谱的相关研究，从而向“知识+数据+算法+算力”为核心的第三代 AI 迈进。未来，新一代人工智能的技术突破将是实现推荐算法进化内在路径。

算法进化的第二个路径是算法中导入规则，以“算法+规则”从外部促使算法优化。算法平台是资本驱动的商业平台，更多的是体现商业和资本的意志，而非媒体的公共属性，因此，有必要借助外部规则，将新闻专业主义价值观及理念融入算法，改变只追求匹配“精度”的算法标准，增加“广度”指标，形成“精度+广度”综合评价标准，并在此标准指导下，设计算法模型，从而实现内容的“非歧视性关联推荐”。

如果说实现基于知识图谱的第三代人工智能技术演进需要一个较长时期的探索，那么算法导入规则，是现阶段引导推荐算法升级优化、促进公共内容生产的有效途径。

结　语

人工智能融入信息传播，带来了传播的深刻变革。本书秉承技术范式，在技术视角下对中国短视频内容生产进行了一次较为深入的系统研究。研究的起点为2013年，终点是2023年。本研究将短视频内容置于中国短视频发展进程这一历史背景中进行关照，分析了短视频算法平台内容生产模式的演变轨迹和本质，讨论了推荐算法主导下短视频文本要素的共性特征，阐述了推荐算法技术逻辑和商业逻辑对内容生产的影响和所造成公共内容缺失引发的后果，最后提出了推荐算法进化的路径和方向。

在研究设计中，设想达成以下目的：一是从历史维度廓清中国短视频的发展脉络和面貌，揭示短视频内容生产模式的演变轨迹。二是面对算法技术主导的传播变革，一方面从理论纬度揭示推荐算法下高流量短视频内容要素规律；另一方面审视算法缺陷以及对内容的危害。三是从促进短视频内容建设出发，探索算法进化的路径。至此，研究目的达成如下。

第一，本研究从用户、平台、内容、商业四个层面较为完整地勾勒出了中国短视频发展的历史脉络，并从技术、资本、国家规制、平台驱动四个维度阐释了发展动因，从而较完整地廓清了中国短视频产业发展整体面貌。

2013年中国移动短视频的大幕在草根狂欢中缓缓拉开。十年里，曾经的涓涓细流变成了汪洋大海。在这十年间，中国短视频经历了两个发展阶段，以2016年为分界，之前是发端期，以后为崛起期。在发端阶段，快手、微视、秒拍、美拍4个平台占据早期市场，源起民间的业余UGC内容无拘无束地野蛮生长，短视频在远离庙堂的边缘空间无序渗透。经过短暂徘徊，2016年以来，短视频应用迅速扩张，短视频产业全面强势崛起。用户端，用户规模和用户黏性持续增长，2018 年短视频跃升为全民应用，2022 年用户突破 10 亿大关，在短暂的时间里，短视频一骑绝尘，成为令人望尘莫及的流量高地和时间黑洞。平台端，平台规模持续扩张，平台格局从百团大战到一超多强，之后再从两超并举多强竞争，最后演变为抖音领衔下三寡头垄断格局，在短短的数年中，完成了从春秋战国群雄争霸的激烈动荡，到寡头治下动态平衡的格局蜕变。内容端，从无序粗放的井喷式增长逐渐走向平稳有序，PGC 引领，MCN 遍地开花，UGC 逐渐趋于边缘，娱乐主导下类型日益多元细分，短视频直播态、电商化，“无带货不视频”成为新常态，内容不断破界拓展，内容平台日益向综合平台、交易场景扩展。商业端，在商业化的加速通道中，短视频广告营销势如破竹，内容电商狂飙突进，商业规模持续挤压其他网络媒体和电商的市场份额。总之，中国短视频以超乎寻常的速度和效率强势崛起，占据和支配人们的日常时间，影响和控制人们的日常消费。

中国短视频的崛起是内外部因素共同作用的结果。技术、资本、国家规制等因素的互动是短视频发展的外部动因，其中技术演进是底层基座和支柱。如果说没有 3G 和宽带技术就没有短视频的诞生，那么没有 4G 普及，就没有短视频的崛起。随着 4G、智能手机普及以及资费下调，短视频消费的瓶颈被打破。在供给侧，一方面，短视频内容制作、分享技术大大降低了视频生产的专业门槛，手机拍摄、上传发布一站式搞定，技术的便利带来了源源不断的 UGC 内容产出；另一方面，在人工智能深度学习技术突破的浪潮中，领先的短视频平台以个性化推荐算法为核武器，通过算法分发极大提高了分发效率，投喂式推荐让人沉浸其中欲罢不能。乘着技术的翅膀，短视频一飞冲天，站上了浪潮之巅。技术和资本有着天然的亲和力，资本为短视频崛起提供粮草弹药，没有资本输血，就没有短视频产业的壮大。国家的监管和规制，清朗内容、治理版权、整顿环境，引导发展，为短视频崛起提供了重要保证。如果说技术、资本、国家治理是产业发展的外部因素，那么短视频算法平台是驱动产业发展的内在核心动力。一方面，在不同发展阶段，平台以不同方式引导、组织内容生产，促进了短视频内容生态建设；另一方面，平台作为短视频商业化战车的发动机，积极建设广告营销系统和内容电商系统，架设广告商、厂商与内容方的商业化桥梁，主导短视频商业市场建设和商业化的进程。短视频平台是驱动短视频全面崛起的内在动力。

第二，在中国短视频产业的发展进程中，中国短视频内容生产经历了从业余 UGC 向 PGC 化的演进过程，MCN 是推动业余 UGC 向专业化内容生产的转变重要力量。在中国短视频快速崛起进程中，短视频商业化全面扩张，随着短视频广告营销的马力全开，短视频完成了从 UGC 向 PGC 化的转变。短视频内容生产方式演变体现的是内容的商业化转向。

在短视频崛起中，被视为互联网技术赋权的 UGC 表达日益边缘。一方面，从产业角度，当技术、渠道已定时，内容价值便开始浮现。业余 UGC 小散零碎，自发随机，制作粗糙，而且良莠不齐，既没有规模化持续产出能力也没有质量保证。随着互联网人口红利逐渐消退，平台竞争日益加剧，当用户争夺从增量转向存量，就需要规模化的优质内容来获取用户、留存用户。另一方面，短视频商业化加速，迫切需要一个保持规模化输出的广告友好的内容环境。从短视频发展历程看，广告是互联网商业化最成功的模式，也是机器学习算法模型应用最广泛的领域之一，广告是短视频商业大厦的奠基石，UGC 则成了广告的绊脚石。2016 年开始，各平台以培育 PGC 生态为重点，加大对 PGC 专业内容扶植。

MCN 推动了 UGC 向专业化内容生产的转变。平台方、内容方、广告方的共同需求催生了 MCN 在中国的落地生根和快速扩张。在平台大力扶植下，2017 年中国 MCN 机构如雨后春笋般涌现。本土 MCN 公司深度介入短视频内容，按照工业化的方式组织规模化生产和运营，大大缩短了业余 UGC 向专业化内容生产的转变。短视频从同质泛滥到多元细分是内容 PGC 化的重要表现，MCN 对丰富细分内容起到极大的促进作用。MCN 通过专业内容的规模化生产，提升内容的广告营销价值，通过垂类内容的精耕细作，开拓壮大细分市场。同时，MCN 以其资源与管理优势，推动内容电商发展，促进短视频的商业化加速。在大量专业机构、MCN 公司引领下，原先居于主导的业余 UGC 被挤压到边缘，自发无序、小散零碎让位于组织化、规模化的精耕细作和垂直细分。短视频从没有商业价值的 UGC 转向了适应广告营销的专业化内容和聚焦细分市场的细分内容，这一转变受短视频全面商业化驱动，表面上这是内容生产方式的改变，然而其本质体现的是内容的商业化趋势。短视频内容生产的商业化是互联网商业化的一个缩影。互联网商业化是对技术赋权的损害，普罗大众的声音越来越趋于边缘化。

第三，短视频内容生产的全面商业化，是算法主导的算法平台商业化发展的结果。算法平台“算法为王”，算法控制内容的流量和流向，控制生产和传播。本书通过对高流量短视频文本的系统研究，探寻和阐释符合算法逻辑的文本要素规律，戏剧化、情绪化、极端化、本能刺激内容的流行和泛滥暴露了平台内容的失真和失衡。

在短视频算法媒体上，用户接收到的视频是数据和算法模型驱动的机器学习技术分发的，是经过算法识别、过滤、选择、分发的，推荐算法控制着平台信息的流向和流量，短视频内容受控于算法。算法逻辑下高流量短视频文本有哪些共性特征？研究从算法技术出发，以媒介信息处理的相关理论为支撑，以用户注意力为核心，在叙事理论框架下的“故事层”和“叙述层”的两个分层中，研究短视频文本要素变量，探寻高流量短视频内容要素规律。研究认为，短视频文本中，故事内容层的三大要素，即内容的相关性（实际功用相关、情绪情感相关、价值相关）、戏剧性（超常性、对立性）、本能刺激性，叙述表达层的信息清晰度、信息密度、信息修辞感、信息戏剧感、形式动态感、时间节奏感、即时互动感、信息控制度等八个向度，是与注意力高度相关的短视频文本共性要素，是高流量短视频的共性特征，由此，高流量短视频共性面貌逐渐清晰。当戏剧化、情绪化、极端化、本能刺激的内容大行其道，相对于真实世界，短视频平台内容失衡和失真。

第四，在算法主导的传播中，本书分别从推荐算法的技术逻辑和商业逻辑两个层面，深入分析推荐算法的个人兴趣导向和商业资本导向对于以新闻为代表的公共内容生产造成的损害。研究从媒体公共性出发，指出公共内容缺失所产生的三个问题隐患，并以促进短视频公共内容生产为目标，建设性地提出推荐算法优化的两个路径和方向。

短视频平台是新兴的公共媒体，但是推荐算法的终极目标一是为优化用户体验服务，二是为公司商业利益服务，两者相辅相成。算法的技术逻辑下，算法偏向与个体动机相关、戏剧性的、能带来感官刺激快感等个体直接兴趣的内容；在算法的商业逻辑下，算法偏向能够带来更多流量、赚取更多眼球的内容，同时倾向于把流量导向能够带来更多金钱收益的内容。算法技术逻辑和商业逻辑下，算法是效率导向、个体导向、娱乐导向、商业导向、资本利益导向；新闻是公众导向、客观导向、公平导向、公共服务导向。算法逻辑与新闻逻辑之间的矛盾是不可调和的。算法的个人兴趣导向和商业资本导向，使公共性、客观性、真实性、理性等特质的公共内容空间被挤压，在算法为王的娱乐场、大卖场里，以新闻为代表的公共内容严重缺位。由此，拟态环境越来越偏离现实世界，媒体公共空间遭到严重破坏，社会整合遭受威胁。短视频作为智能传播中重要媒体，需要承担作为社会公器的责任、义务，算法需要进化。

本书以促进短视频公共内容的生产为目标，提出个性化推荐算法进化的两个路径。算法进化的第一个路径有赖于人工智能技术的再次革命性突破——沿着“知识图谱+算法”方向向第三代人工智能迈进。目前数据驱动的深度学习技术存在技术缺陷。机器不懂语义，它是通过数据输入、输出的映射关系进行分类，通过分类进行识别和判断。机器不具备认知、理解能力，推荐算法只能做到迎合用户表层的喜好，无法挖掘、理解和满足用户的潜在、多元、真实兴趣。只有突破性的技术革命，才能解决根本问题。突破的方向是借鉴第一代 AI 优势，将知识图谱引入算法，通过数据间联系形成的知识图谱，挖掘用户潜在的各种需要，改变目前简单迎合用户表层的、直接兴趣的状况。另一条路径是在算法中导入规则，以外部规则促使算法进化。即以现有的深度学习算法模型为基础，结合新闻专业主义价值观及理念，改变仅以算法“精度”作为评价标准的现状，增加“广度”指标，并在此标准指导下，设计算法模型，实现对内容的“非歧视性关联推荐”，让观点多样、角度多样、信源多样、品类多样的内容达到用户。算法导入规则，以精度+广度综合评价指标下优化算法是现阶段引导算法升级的有效途径。

本书首次将中国短视频内容生产置于变动着的短视频历史图景中进行研究，

也是第一次从技术视角对短视频内容给与全面系统的学术观照。面对算法主导的传播，从文本层面系统研究了高流量短视频内容要素并构建了文本要素体系，是一次具有开创性的理论探索；同时，批判性地审视算法逻辑下的内容缺陷，针对算法造成的公共内容缺失的现实问题，建设性地提出算法进化的路径。本研究所要达成的目的基本完成。

由于笔者自身学识、能力的局限，以及平台方面的限制无法获得比较理想的数据等原因，研究中仍存在以下缺憾：一是算法对中国短视频内容生产造成影响的阐释，理论深度和力度都有待加强。二是算法逻辑下与注意力高度相关的短视频文本要素系统的研究，还不够完善，作为一个探索性研究，未来还需要通过量化方法，比如内容分析，予以检验。

本研究虽不够完善，但是，从算法技术视角下对中国短视频内容生产的较为全面的系统研究，为后续的研究提供了一个新的视角和较完整的基础，随着研究的深入，也将会释放出更多更新的研究成果，使算法与短视频内容生产的关系研究呈现出更加明晰的轮廓。

参考文献

一、图书

[1] 扎拉奇，斯图克．算法的陷阱 [M]. 余潇，译．北京：中信出版集团，2018.

[2] 保罗·利文森．软边缘：信息革命的历史与未来 [M]. 熊澄宇，等，译. 北京：清华大学出版社，2002.

[3] 保罗·利文森．新新媒介 [M]. 何道宽，译．上海：复旦大学出版社，2011.

[4] 比格纳尔，奥莱巴．21 世纪电视电视人生存手册 [M]. 栾轶玫，译．北京：清华大学出版社，2008.

[5] 伯格．通俗文化、媒介和日常生活中的叙事 [M]. 姚媛，译．南京：南京大学出版社，2000.

[6] 布莱恩特，沃德勒．娱乐心理学 [M]. 晏青，等，译．北京：中国传媒大学出版社，2022.

[7] 布尔迪厄．关于电视 [M]. 许钧，译．沈阳：辽宁教育出版社，2000.

[8] 大卫·麦克奎恩．理解电视 [M]. 苗棣，等，译．北京：华夏出版社，2003.

[9] 戴维·巴勒特．媒介社会学 [M]. 赵伯英，孟春，译．北京：社会科学文献出版社，1989.

[10] 戴维斯，巴让．大众传播与日常生活 [M]. 苏蘅，译．台北：远流出版公司，1993：125-150.

［11］丹尼斯·麦奎尔．麦奎尔大众传播理论［M］．崔宝国，李琨，译．北京：清华大学出版社，2006.

［12］丹尼斯·麦奎尔．受众分析［M］．刘燕南，等，译．北京：中国人民大学出版社，2006.

［13］道尔．理解传媒经济学［M］．李颖，译．北京：清华大学出版社，2004.

［14］傅尔．文学类型研究与电视 // 罗伯特·艾伦．重组话语频道［M］．牟岭，译．北京：北京大学出版社，2008：124-144.

［15］华莱士·马丁．当代叙事学［M］．伍晓明，译，北京：北京大学出版社，2005.

［16］简·梵·迪克．网络社会［M］．蔡静，译．北京：清华大学出版社，1999.

［17］布莱恩特，沃德勒．娱乐心理学［M］．晏青，等，译．北京：中国传媒大学出版社，2022.

［18］康姆斯托克．美国电视的源流与演变［M］．郑明椿，译．台北：远流出版公司，1994.

［19］考林·霍斯金斯 等．全球电视和电影：产业经济学导论［M］．刘丰海，张慧宇，译．北京：新华出版社，2004.

［20］快手研究院．被看见的力量［M］．北京：中信出版集团，2020.

［21］快手研究院．直播时代［M］．北京：中信出版集团，2021.

［22］雷蒙·威廉斯．电视：科技与文化形式［M］．冯建三，译．台北：远流出版事业股份有限公司，1992.

［23］刘京林．大众传播心理学［M］．北京：中国传媒大学出版社，2005

［24］刘小红，卜卫．大众传播心理研究［M］．北京：中国广播电视出版社，2001.

［25］隆·莱博．思考电视［M］．葛忠明，译．北京：中华书局，2005：225.

［26］罗伯特·艾伦．重组话语频道［M］．牟岭，译．北京：北京大学出版社，2008：90-120.

［27］罗伯特·麦基．故事［M］．周铁东，译．北京：中国电影出版社，2001.

［28］罗杰·西尔弗斯通．电视与日常生活［M］．陶庆梅，译．南京：江苏人民出版社，2004.

［29］马修·布伦南．字节跳动：从0到1的秘密［M］．刘勇军，译．长沙：湖南文艺出版社，2021.

［30］麦克卢汉．理解媒介：论人的延伸［M］．何道宽，译．北京：商务印书馆，2000.

［31］迈克尔·伍尔德里奇．人工智能全传［M］．许舒，译．杭州：浙江科学技术出版社，2021.

［32］曼纽尔·卡斯特．网络社会的崛起［M］．夏铸九，等，译．北京：社会科学文献出版社，2001.

［33］尼尔·波兹曼．技术垄断：文化向技术投降［M］．何道宽，译．北京：中信出版集团，2004.

［34］尼尔·波兹曼．娱乐至死［M］．章艳，译．南宁：广西师范大学出版社，2004.

［35］尼古拉斯·阿伯克龙比．电视与社会［M］．张永喜，等，译．南京：南京大学出版社，2007.

［36］皮卡德．媒介经济学：概念问题［M］．赵丽颖，译．北京：中国人民大学出版社，2005.

［37］塔娜，唐铮．算法新闻［M］．北京：中国人民大学出版，2019.

［38］腾讯传媒研究院．众媒时代［M］．北京：中信出版集团，2016.

［39］王喆．深度学习推荐系统［M］．北京：电子工业出版社，2020.

［40］吴军．浪潮之巅（上下）［M］．北京：中信出版集团，2020.

［41］吴军．智能时代：5G、IoT构建超级智能新机遇（上下）［M］．北京：

中信出版集团，2020.

[42] 项亮．推荐系统实践 [M]. 北京：人民邮电出版社，2012.

[43] 尹鸿．当代电影艺术导论 [M]. 北京：高等教育出版社，2007.

[44] 于烜．2017 年中国移动短视频发展报告//唐绪军、黄楚新等．新媒体蓝皮书：中国新媒体发展报告（2018）[M]. 北京：社会科学文献出版社，2018：227-242.

[45] 于烜．2018 年中国移动短视频发展报告//唐绪军、黄楚新等．新媒体蓝皮书：中国新媒体发展报告（2019）[M]. 北京：社会科学文献出版社，2019：364-377.

[46] 于烜．2019 年中国移动短视频发展报告//唐绪军、黄楚新等．新媒体蓝皮书：中国新媒体发展报告（2020）[M]. 北京：社会科学文献出版社，2020：184-199.

[47] 于烜．2020 年中国移动短视频发展报告//唐绪军、黄楚新等．新媒体蓝皮书：中国新媒体发展报告（2021）[M]. 北京：社会科学文献出版社，2021：182-197.

[48] 于烜．2021 年中国短视频行业发展报告//胡正荣、黄楚新等．新媒体蓝皮书：中国新媒体发展报告（2022）[M]. 北京：社会科学文献出版社，2022：244-257.

[49] 于烜．2022 年中国短视频行业发展报告//胡正荣、黄楚新等．新媒体蓝皮书：中国新媒体发展报告（2023）[M]. 北京：社会科学文献出版社，2023：155-171.

[50] 于烜．2023 年中国短视频行业发展报告//胡正荣、黄楚新等．新媒体蓝皮书：中国新媒体发展报告（2024）[M]. 北京：社会科学文献出版社，2024：135-149.

[51] 约翰·菲斯克．电视文化 [M]. 祁阿红，张鲲，译．北京：商务印书馆，2005.

[52] 约翰·帕夫利克．新媒体技术：文化和商业前景 [M]. 周勇，等，译．

北京：清华大学出版社，2005.

［53］约翰·诺顿．互联网——从神话到现实［M］. 朱萍，等，译．南京：江苏人民出版社，2001.

［54］约翰·斯道雷．文化理论与通俗文化导论［M］. 杨竹山，等，译．南京：南京大学出版社，2006.

［55］詹姆斯·柯兰 等．互联网的误读［M］. 何道宽，译．北京：中国人民大学出版社，2014.

［56］张春兴．现代心理学［M］. 上海：上海人民出版社，2009.

［57］张佳．短视频内容算法：如何在算法推荐时代引爆短视频［M］. 北京：人民邮电出版社，2020.

［58］郑全全．社会认知心理学［M］. 杭州：浙江教育出版社，2008.

［59］诸葛越．未来算法［M］. 北京：中信出版集团，2021.

［60］Ellis，John：Visible Fictions：Cinema，Television，Video. Florence，KY，USA：Routledge，1992.

［61］Eastman，Susan Tyler & Ferguson，Douglas：电子媒介节目设计与运营——战略与实践（影印版），北京：北京大学出版社，2004.

二、学术论文

［1］斯科特·拉什，程艳．后霸权时代的权力——变化中的文化研究［J］. 江西社会科学，2009（8）：248-256.

［2］西奥多·W·阿多诺，赵勇．文化工业述要［J］. 贵州社会科学，2011（6）：42-46.

［3］张梓轩，王海，徐丹．“移动短视频社交应用”的兴起及趋势［J］. 中国记者，2014（2）：107-109.

［4］郑逸欢．移动互联网时代视频网站 PGC 模式研究［D］. 长沙：湖南大学，2016.

［5］胡泳，张月朦．互联网内容走向何方？——从 UGC、PGC 到业余的专

业化［J］. 新闻记者，2016（8）：21-25.

［6］王晓红，任垚媞．我国短视频生产的新特征与新问题［J］. 新闻战线，2016（17）：72-75.

［7］潘曙雅，王睿路．资讯类短视频的“标配”与前景［J］. 新闻与写作，2017（5）：75-78.

［8］黄伟迪，印心悦．新媒体内容生产的社会嵌入——以梨视频“拍客”为例［J］. 新闻记者，2017（9）：15-21.

［9］黄楚新，彭韵佳．透过资本看媒体权力化——境外资本集团对中国网络新媒体的影响［J］. 新闻与传播研究，2017（10）：68-78+128.

［10］彭兰．更好的新闻业，还是更坏的新闻业？——人工智能时代传媒业的新挑战［J］. 中国出版，2017（24）：3-8.

［11］仇筠茜，陈昌凤．黑箱：人工智能技术与新闻生产格局嬗变［J］. 新闻界，2018（1）：28-34.

［12］陈昌凤，霍婕．权力迁移与关系重构：新闻媒体与社交平台的合作转型［J］. 新闻与写作，2018（4）：52-56.

［13］喻国明，韩婷．算法型信息分发：技术原理、机制创新与未来发展［J］. 新闻爱好者，2018（4）：8-13.

［14］喻国明，耿晓梦．智能算法推荐：工具理性与价值适切——从技术逻辑的人文反思到价值适切的优化之道［J］. 全球传媒学刊，2018（4）：13-23.

［15］喻国明，杨莹莹，闫巧妹．算法即权力：算法范式在新闻传播中的权力革命［J］. 编辑之友，2018（5）：5-12.

［16］蒋建华．以技术为视角：移动短视频的兴起与5G时代的趋势［J］. 江淮论坛，2018（4）：188-192.

［17］邓子薇．移动互联网时代下短视频MCN模式研究［D］. 成都：西南交通大学，2018.

［18］仇筠茜，陈昌凤．基于人工智能与算法新闻透明度的“黑箱”打开方式选择［J］. 郑州大学学报（哲学社会科学版），2018（5）：84-88+159.

［19］师文，陈昌凤．社交分发与算法分发融合：信息传播新规则及其价值挑战［J］．当代传播，2018（6）：31-33+50.

［20］于全，张平．5G时代的物联网变局、短视频红利与智能传播渗透［J］．浙江传媒学院学报，2018（6）：2-9+148.

［21］彭兰．短视频：视频生产力的“转基因”与再培育［J］．新闻界，2019（1）：34-43.

［22］师文，陈昌凤．新闻专业性、算法与权力、信息价值观：2018全球智能媒体研究综述［J］．全球传媒学刊，2019（1）：82-95.

［23］郝雨，郭峥．传播新科技的隐性异化与魔力控制——“文化工业理论”新媒体生产再批判［J］．社会科学，2019（5）：172-181.

［24］金兼斌．权力的游戏：资本、技术及其他［J］．人民论坛·学术前沿，2019（14）：6-16.

［25］张志安，彭璐．混合情感传播模式：主流媒体短视频内容生产研究——以人民日报抖音号为例［J］．新闻与写作，2019（7）：57-66.

［26］于烜，黄楚新．从本土MCN看中国移动短视频的商业化［J］．传媒，2019（21）：55-58.

［27］方兴东，严峰，钟祥铭．大众传播的终结与数字传播的崛起——从大教堂到大集市的传播范式转变历程考察［J］．现代传播（中国传媒大学学报），2020（7）：132-146.

［28］许向东，王怡溪．智能传播中算法偏见的成因、影响与对策［J］．国际新闻界，2020（10）：69-85.

［29］匡文波．智能算法推荐技术的逻辑理路、伦理问题及规制方略［J］．深圳大学学报（人文社会科学版），2021（1）：144-151.

［30］迈克尔·舒德森，李思雪．新闻专业主义的伟大重塑：从客观性1.0到客观性2.0［J］．新闻界，2021（2）：5-13.

［31］于烜．算法分发下的短视频文化工业［J］．传媒，2021（3）：62-64.

［32］于烜．智能传播中算法的进化［J］．视听界，2021（3）：63-65.

[33] 彭兰．新媒体时代语态变革再思考 [J]. 中国编辑，2021 (8)：4-8.

[34] 方兴东，顾烨烨，钟祥铭．ChatGPT 的传播革命是如何发生的？——解析社交媒体主导权的终结与智能媒体的崛起 [J]. 现代出版，2023 (2)：33-50.

[35] 师文，陈昌凤．全球智能传播研究 2023 年热点议题：算法审计、算法文化与算法话语 [J]. 全球传媒学刊，2024 (1)：106-121.

[36] 于烜．微短剧：从内容到产业的跨越 [J]. 视听界，2024 (3)：5-8+20.

[37] Jin Kim (2012) . The institutionalization of YouTube：From user-generated content to professionally generated content. Media，Culture & Society [J]. 34 (1) 54-67.

[38] José van Dijck. Users like you? Theorizing agency in user - generated content. Media，Culture & Society [J]. Vol. 31，No. 1. (January 2009)，pp. 41-58.

三、电子文献

[1] 易观分析．2016 年中国短视频市场专题研究报告 2016 [EB/OL]. (2016-07-04) [2019-01-14]. 易观分析微信公众号.

[2] 艾瑞咨询．2016 年中国短视频行业发展研究报告 (PDF) [EB/OL]. (2016-09-20) [2018-01-07]. 艾瑞咨询微信公众号.

[3] 万里挑一，秒拍“金栗子”奖第二季 12 项大奖出炉 [EB/OL]. (2017-07-21) [2018-01-27]. 视频中国网：http：//v. china. com. cn/news/2017-07/21/content_41259390. htm.

[4] 华映资本中国．在中国，搞不明白这 8 个生存之道，算什么 MCN? [EB/OL]. (2017-10-30) [2019-02-16]. 搜狐网：https：//www. sohu. com/a/201242852_355041? qq-pf-to=pcqq. group.

[5] 杨利伟，张爨一．视频社交的风口来了吗？短视频流行监管须跟上 [EB/OL]. (2017-11-04) [2018-02-04]. 人民网，http：//media. people. com. cn/

n1/2017/1114/c40606-29643966. html.

［6］微博 2017 年赋能自媒体收入 207 亿 30 亿基金扶持 MCN［EB/OL］. (2017-12-05)［2018-02-04］. 新浪科技：https：//tech. sina. com. cn/i/2017-12-05/doc-ifypikwu0083616. shtml.

［7］艾瑞咨询. 2017 年中国短视频行业研究报告［EB/OL］.（2017-12-29）［2018-01-20］. 艾瑞网：https：//www. iresearch. com. cn/Detail/report？id=3118&isfree=0.

［8］漫谈短视频平台概况，全面解读头部内容［EB/OL］.（2018-01-03）［2019-01-28］. 知乎：https：//www. zhihu. com/question/40048132/answers/created.

［9］QuestMobile. 2017 年中国移动互联网年度报告 PDF 下载［EB/OL］. 2018-01-17）［2018-01-20］. QuestMobile 官网：https：//www. questmobile. com. cn/blog/blog_127. html.

［10］马世聪. 2017 年中国短视频 MCN 行业发展白皮书［EB/OL］.（2018-02-01）［2018-02-04］. 易观分析：https：//www. analysys. cn/article/detail/1001185/.

［11］百度和今日头条大战背后的激进与困局：信息流之争［EB/OL］. (2018-02-06［2018-02-25］. 网易财经：http：//money. 163. com/18/0206/08/D9URH7QR002580T4. html.

［12］艾瑞咨询. 2018 年中国网红经济发展研究报告［EB/OL］.（2018-06-19)［2019-01-05］. 艾瑞网：http：//report. iresearch. cn/report/201806/3231. shtml.

［13］马世聪. 中国短视频市场商业化发展专题分析 2018［EB/OL］.（2018-08-15)［2019-01-06］. 易观官网：https：//www. analysys. cn/article/analysis/detail/20018798.

［14］第 42 次《中国互联网络发展状况统计报告》［EB/OL］.（2018-08-20)［2019-03-02］. CNNIC 官网：https：//www. cnnic. net. cn/NMediaFile/old_attach/P020180820630889299840. pdf.

[15] 刘儒田．基于国内短视频行业发展的思考［EB/OL］.（2018-10-18）［2019-01-26］．人民网：http：//media. people. com. cn/n1/2018/1018/c421787-30348818. html.

[16] 程梦玲，津平．57 万部作品下架，2018 年短视频行业平均每月一条监管政策［EB/OL］.（2018-11-09）［2019-01-27］．流媒体网：https：//lmtw. com/mzw/content/detail/id/163726.

[17] 艾瑞咨询．2018 中国短视频营销市场研究报告［EB/OL］.（2018-12-03）［2018-12-06］．艾瑞网：http：//report. iresearch. cn/report/201812/3302. shtml?open_source=weibo_search.

[18] 卡思数据．2018 年度 KOL 红人行业白皮书［EB/OL］.（2019-01-08）［2019-01-26］．卡思数据官方微信公众号.

[19] 如何看待 2016 年短视频内容创业将迎来大爆发这一说法？［EB/OL］.（2019-01-18）［2019-01-20］．知乎：https：//www. zhihu. com/question/40048132/answers/created.

[20] 短视频工厂．2018 短视频行业记忆：管不住的达人、145 家混战的平台、严峻的监管［EB/OL］.（2019-01-11）［2019-01-26］．36 氪：https：//36kr. com/p/5171692. html.

[21] QuestMobile 2018 年中国移动互联网年度大报告［EB/OL］.（2019-01-22）［2019-01-26］．QuestMobile 微信公众号．

[22] 卡思数据．2018 年度 PGC 节目行业白皮书［EB/OL］.（2019-01-22）［2019-01-27］．卡思数据官方微信公众号.

[23] 第 43 次《中国互联网络发展状况统计报告》［EB/OL］.（2019-02-28）［2019-03-02］．CNNIC 官网：https：//www. cnnic. net. cn/NMediaFile/old_attach/P020190318523029756345. pdf.

[24] 克劳锐．2019 中国 MCN 行业发展白皮书［EB/OL］.（2019-03-22）［2019-12-01］．个人图书馆网：http：//www. 360doc. com/content/19/0322/20/224530_823456456. shtml.

［25］ QuestMobile. 短视频 2019 半年报告［EB/OL］.（2019-08-06）［2020-01-05］. QuestMobile 微信公众号.

［26］ 快手电商升级重塑［EB/OL］.（2019-10-23）［2020-02-02］. 火星营销研究院微信公众号.

［27］ 艾瑞咨询 . 2019 年中国短视频企业营销策略白皮书［EB/OL］.（2019-12-13）［2020-01-4］. 艾瑞官网：https：//www. iresearch. com. cn/Detail/report?id=3504&isfree=0.

［28］ 快手大数据研究院 . 抖音快手决战 2020［EB/OL］.（2019-12-23）［2020-02-02］. 流媒体网：https：//lmtw. com/mzw/content/detail/id/180297/keyword_id/.

［29］ 王新喜 . 短视频 2020：风继续吹［EB/OL］.（2019-12-30）［2020-02-15］. 卡思数据微信公众号.

［30］ 重磅发布！2020 内容产业年度报告［EB/OL］.（2020-01-06）［2020-01-11］. 新榜微信公众号.

［31］ 2019 抖音数据报告（完整版）［EB/OL］.（2020-01-06）［2020-02-02］. 抖音广告助手微信公众号.

［32］ 万珮 . 快手直播生态报告［EB/OL］.（2020-01-06）［2020-02-09］. 流媒体网：https：//lmtw. com/mzw/content/detail/id/180853.

［33］ 火星 CEO 李浩 . 2019 年短视频行业关键词——压力、竞争、机遇、速度、洗牌［EB/OL］.（2020-01-07）［2020-01-11］. 卡思数据微信公众号.

［34］ QuestMobile. 2019 中国移动互联网八大战法［EB/OL］.（2020-01-08）［2020-01-11］. QuestMobile 微信公众号.

［35］ 卡思数据 . 2019 短视频 KOL 年度报告（下载版）［EB/OL］.（2020-01-13）［2020-01-18］. 卡思数据官方微信公众号.

［36］ 卡思数据 . 关于 2021 年的快手电商 整理了这 4 个关键词［EB/OL］.（2021-01-06）［2020-01-31］. 流媒体网：https：//lmtw. com/mzw/content/detail/id/197326.

［37］2021年短视频及直播营销年度报告［EB/OL］.（2021-01-19）［2021-02-06］. 飞瓜数据微信公众号.

［38］抖音 . 2020抖音娱乐白皮书［EB/OL］.（2021-01-20）［2021-02-27］. 传媒大咖微信公众号.

［39］QuestMobile. 2020中国移动互联网年度大报告·上［EB/OL］.（2021-01-26）［2021-01-30］. QuestMobile微信公众号.

［40］QuestMobile. 中国移动互联网2020年度大报告（下篇）［EB/OL］.（2021-02-02）［2021-02-06］. QuestMobile微信公众号.

［41］从内容、营销、电商3个板块，看2021年短视频的“风”往哪吹？年终总结［EB/OL］.（2021-02-02）［2021-02-07］. 卡思数据微信公众号.

［42］第47次《中国互联网络发展状况统计报告》［EB/OL］.（2021-02-03）［2021-02-06］. CNNIC官网：https：//www. cnnic. net. cn/NMediaFile/old_attach/P020210203334633480104. pdf.

［43］2020年短视频及电商直播趋势报告［EB/OL］.（2021-02-05）［2021-02-21］. 飞瓜数据微信公众号.

［44］2020年抖音KOL生态研究：活跃红人增速下滑，超8成账号“火”不过3个月［EB/OL］.（2021-02-22）［2021-02-27］. 卡思数据微信公众号.

［45］艾瑞咨询 . 2021年中国直播电商行业研究报告［EB/OL］.（2021-09-10）［2022-10-16］. 艾瑞官网：https：//www. iresearch. com. cn/Detail/report?id=3504&isfree=0.

［46］黄青春 . 字节越“跳”赚钱越猛［EB/OL］.（2021-09-14）［2021-10-10］. 流媒体网：https：//lmtw. com/mzw/content/detail/id/210332/keyword_id/9.

［47］何西窗 . 自制综艺、发力短剧：抖音、快手加速奔向长视频？［EB/OL］.（2021-11-30）［2022-02-05］. 娱乐独角兽微信公众号.

［48］陈林 . 2021短视频政策法规盘点［EB/OL］.（2021-12-30）［2022-02-20］. 国家国电智库微信公众号.

［49］ QuestMobile. 2021 中国移动互联网发展启示录（一）［EB/OL］.（2022-01-11）［2021-01-16］. QuestMobile 微信公众号.

［50］ 2021 新媒体内容生态数据报告［EB/OL］.（2022-01-20）［2022-02-20］. 新榜微信公众号.

［51］ 艾瑞咨询 . 2021 年中国网络广告年度洞察报告—产业篇［EB/OL］.（2022-01-21）［2022-02-06］. 艾瑞官网：https：//www. iresearch. com. cn/Detail/report？ id=3504&isfree=0.

［52］ 果集数据 . 2021 直播电商年度数据报告［EB/OL］.（2022-02-07）［2022-02-13］. 搜狐网：http：//news. sohu. com/a/521025335_120502162.

［53］ 抖音电商 . 2021 抖音电商年度数据报告：向新而生［EB/OL］.（2022-02-09）［2022-02-19］. 流媒体网：https：//lmtw. com/mzw/content/detail/id/210728/keyword_id/9.

［54］ 第 49 次《中国互联网络发展状况统计报告》［EB/OL］.（2022-02-25）［2022-02-26］. CNNIC 网：https：//www. cnnic. net. cn/NMediaFile/2023/0807/MAIN1691372884990HDTP1QOST8. pdf.

［55］ QuestMobile. 2022 全景生态年度报告［EB/OL］.（2022-12-07）［2022-12-17］. QuestMobile 微信公众号.

［56］ 界面新闻 . 快手公布短剧业务成绩单：2022 全年播放量破亿项目超 100 个［EB/OL］.（2022-12-13）［2023-01-15］. 百度：https：//baijiahao. baidu. com/s？id=1752082280993982887&wfr=spider&for=pc.

［57］ 抖音 . 2022 抖音热点数据报告［EB/OL］.（2022-12-28）［2022-01-07］. 抖音微信公众号.

［58］ 抖音 . 2022 抖音知识年度报告［EB/OL］.（2022-12-28）［2022-01-07］. 抖音微信公众号.

［59］ 抖音 . 2022 抖音生活服务数据报告［EB/OL］.（2023-01-03）［2023-01-07］. 抖音微信公众号.

［60］ 快手 . 2022 快手直播生态报告［EB/OL］.（2023-01-04）［2023-01-

08]. 快手微信公众号.

[61] TopKlout 克劳锐 .2022 直播电商发展研究报告（完整版）[EB/OL].(2023-01-10)[2023-01-15]. TopKlout 克劳锐微信公众号.

[62] 准哥儿 . 重磅！百准发布 2023 视频号商业生态报告，预测三大关键数据 [EB/OL].(2023-01-17)[2023-02-18]. 百准数据微信公众号.

[63] 飞瓜数据 .2022 短视频及直播营销年度报告 [EB/OL].(2023-01-17)[2023-02-12]. 飞瓜数据微信公众号.

[64] 卡思数据 .2023，到哪里去寻找增量？[EB/OL].(2023-01-31)[2023-02-04]. 卡思数据微信公众号.

[65] QuestMobile. 2022 中国移动互联网年度大报告 [EB/OL].(2023-02-21)[2023-02-25]. QuestMobile 微信公众号.

[66] 第 51 次《中国互联网络发展状况统计报告》[EB/OL].(2023-03-02)[2023-03-05]. CNNIC 网：https://www.cnnic.net.cn/NMediaFile/2023/0807/MAIN169137187130308PEDV637M.pdf.

[67] QuestMobile. 2023 中国互联网核心趋势年度报告 [EB/OL].(2023-11-19)[2024-01-08]. QuestMobile 微信公众号.

[68] 抖音 .2023 抖音生活服务年度数据报告 [EB/OL].(2024-01-05)[2024-01-07]. 抖音微信公众号.

[69] 艺恩数据 .2023 快手短剧数据价值报告（完整版）[EB/OL].(2024-01-13)[2024-01-14]. 快手微信公众号.

[70] 抖音 . 责任、成长与创造 2023 抖音电商这一年 [EB/OL].(2024-01-19)[2024-01-20]. 抖音微信公众号.

[71] QuestMobile. 2023 中国移动互联网年度报告 [EB/OL].(2024-01-30)[2024-01-31]. QuestMobile 微信公众号.

[72] 新榜 .2023 新媒体内容生态数据报告 [EB/OL].(2024-01-30)[2024-02-16]. 新榜微信服务号.

[73] 飞瓜数据 .2023 短视频与直播电商生态报告 [EB/OL].(2024-01-

31)[2024-02-03]. 飞瓜数据微信公众号.

[74] 第53次《中国互联网络发展状况统计报告》[EB/OL]. (2024-03-22)[2023-03-24]. CNNIC网: https://www.cnnic.net.cn/NMediaFile/2024/0325/MAIN1711355296414FIQ9XKZV63.pdf.

后　记

本书是我的第二本专著。我的第一本专著《转向——中国电视生活服务节目之变迁》出版于2013年4月，获得了北京市委、市政府颁发的“北京哲学社会科学优秀成果奖”。第一次出书便获得一个高含金量的重要学术奖项，这对于一个既无高校或研究所背书，也无学术包装和光环加持的媒体从业者而言，无疑是一个莫大的激励。我至今还清楚地记得在看到获得名单上自己和学界大咖的名字同时出现那一刻的欣喜和兴奋。这个奖让我看到了自己的学术能力，坚定了我学术研究的自信，也让我在今后的工作实践中更增加了一种学术自觉。

和第一本专著一样，本书的研究亦得益于实践，得益于我新媒体转型后对社交媒体、算法媒体较长时间的观察、思考，不过我研究的重点仍然是内容——从传统电视节目转向新媒体内容。由于工作缘故，我对短视频的关注最早开始于2015年。当年，我和团队拜访过曾经在知春路盈都大厦办公的字节跳动公司，大厦的一层是著名的沃尔玛超市。就像没有料到沃尔玛会在几年后闭店一样，当时我也根本没想过就在那个老式逼仄的办公间，一个日后称霸海内外的“大帝国”正在孕育。2016年，一个网名“papi酱”的中戏女学生全网爆火，这位“集美貌与才华于一身的女子”被称为年度“第一网红”，并获得1200万元的投资，这个现象级的UGC短视频账号就像是一个助推器，让我把全面研究中国短视频的计划提上日程。不久，我完成了《2017年中国移动短视频发展报告》，并荣幸地入选中国社会科学院新闻与传播研究所《中国新媒体发展报告》年度蓝皮书项目，此后，一发不可收，我连续7年为皮书项目撰写中国短视频年度报告。其间，为了更加深入、系统地研究，我申请了国家广播电视总局部级社科研究项目。应该说，正是由于近10年的积累才有了此书的成果和出版。

在整个研究过程和写作过程中，我是全力以赴的。我于2019年开始聚焦推荐算法与短视频内容这一主题，从确定研究问题到完成书稿，至今已有5年光阴。我为自己设定的是一个长时间的目标规划，然后一步一步地、努力地接近它，直到实现它。因为是在繁重的工作之余做学术研究，时间、精力、体力上的付出注定是一场持久战，5个春夏秋冬的轮回更替，冷暖自知；因为从大学开始就与数理学习绝缘，对于推荐系统、机器学习、算法模型等人工智能领域的自学难度，注定是一场知识苦旅，此行取经一路的坎坷曲折，甘苦我独饮。

5年的跋山涉水，于我而言，该打的仗已战，该跑的路已到尽头。此时，感恩感谢思绪满怀。我要感谢我的博士导师清华大学尹鸿教授，他在我第一本书序言中的赞许有加和殷殷期待，是我前行的力量，希望我此次交出的是一份满意的答卷。感谢史榔森、高謞两位领导在课题研究期间给予的支持、鼓励和关怀，现在回想依然温暖人心；感谢张冬林、汪红两位领导在书稿出版阶段给予的帮助。感谢计算机科学、人工智能领域行业专家给与我“私教”式的知识讲授和不厌其烦的答疑解惑，感谢薛子育博士、教授级高工芮浩、教授级高工周旭辉、算法工程师余舜哲，感谢联想中国区AI产品内容安全负责人、一下科技前副总裁陈太锋，感谢你们的无私帮助和宝贵时间。

感谢中国社会科学院新闻与传播研究所《中国新媒体发展报告》蓝皮书项目，感谢黄楚新教授团队的帮助。

感谢QuestMobile研究院给予的数据支持。

感谢平台方快手科技政府事务部、媒体合作部，和抖音集团媒体合作部，提供的研究帮助。

感谢清华大学图书馆给予校友的研究便利。

还要感谢邓力先生、纪海虹女士、宋维才博士、刘晓隽先生、任为民先生、田刚先生、杨安晶女士、张天莉博士在书稿写作期间提供的帮助。

特别感谢本书的责任编辑杨凡女士为此书出版付出的辛勤努力，感谢您润物于无声的关心和帮助；感谢任逸超先生在书稿选题立项阶段兄长般温暖的鼓励。

感谢我的父母和家人，你们是我的港湾和依靠。

于　烜
2024年9月于燕归园